本を食べる

志村史夫

牧野出版

まえがき

これから私は「木を食べる」話をする。

この「木を食べる」ということ自体まことに唐突な話なのであるが、「木を食べる」私も唐突であるので、私がなぜ「木を食べる」に至ったのか、自己紹介を含めて述べておきたい。

私は大学卒業以来現在までのおよそ四〇年余、さまざまな分野の研究（同時に〝道楽〟）に従事してきた。

私の本当の研究者らしい研究者生活は一九七四年、日本電気中央研究所に入った時から始まった。当初は、誘電体結晶などの酸化物結晶の研究に従事したが、一九七六年に発足した国家プロジェクト（超ＬＳＩ研究共同組合）に配属されてから一九八三年まで半導体結晶（主としてシリコン）の研究に従事した。この間、半導体シリコン結晶に関する二〇報ほどの研究論文を書いたが、それらのうちのいくつかが「国際舞台」で評価され、デトロイトで開催された超ＬＳＩ国際会議（一九八二年）に招待講演者として招かれた。私は、その五年前の一九七七年、マサチューセッツ工科大学（ＭＩＴ）で開かれた国際会議で誘電体結晶について発表の経験はあったが、国際会議での「招待講演」は一九八二年が初めてだった。この会議の後、私はアメリカ、ドイツの複数の研究機関から勧誘を受けた。結果的に、私は、一九八三年、永住のつもりでアメリカに渡ることになったのであるが、その伏線は、一九七七年、ＭＩＴに向かう途中、当時、半導体研究の〝殿堂〟ともいうべき、憧れのベル研究所を訪問した時にあった。

ベル研究所の玄関にあったグラハム・ベルの胸像の台座に刻まれた

Leave the beaten track occasionally and dive into the woods.
You will be certain to find somothing that you have never seen before.
（たまには踏み固められた道から離れ、森の中へ入り込んでみよ。きっと、いままでに見たことがない何かを見つけられるはずだ。〈志村訳〉）

という言葉に感動したのである。これこそ、研究者というものの本質をついた言葉だと思った。そして、将来、チャンスがあれば、是非、アメリカという地で研究生活を送りたいと思った。

その五年後、一九八三年の春、当時、世界最大の半導体結晶の研究所といわれたモンサント社のセントルイス研究所に移籍することになった。そして、その四年後、今度はノースカロライナ州立大学（ＮＣＳＵ）に引っ張られて移籍することになる。その時、私を引っ張ってくれたのは、一九七七年以来、半導体シリコン結晶研究の好敵手であり、数年前に上記のベル研究所からＮＣＳＵに移っていたジョージ・ロズゴニイだった。以来、六年余、彼とはＮＣＳＵの隣の研究室で同僚として充実した研究生活を送ることになった。私が一九九三年秋に日本に帰国してからも、ロズゴニイとは公私共に親しい関係が続き、時折、日本、アメリカで会っていたが、本書を書き始める直前の二〇一四年一一月二四日、奥さんのナリッシュから彼の訃報が届いた。享年七七。私自身、年を取った証拠でもあるが、近年、恩師、先輩、同僚の訃報に接することが少なくなく、寂しい想いをしているが、

「生命あるもの、いつかは必ず死ぬ」ので仕方がないことと諦めなければなるまい。合掌。

永住のつもりで渡ったアメリカではあったが、結局、いろいろ考えるところがあって、一〇年半後の一九九三年秋に日本に帰ってきた。それ以降、私は半導体研究の第一線から引退し、興味の赴くまま自分自身のペースで〝道楽的研究〟を続けている次第である。

私は日本の大学を卒業した後、日本の企業（デバイスメーカー）、日本の国家プロジェクト、アメリカの企業（材料メーカー）、アメリカの大学、日本の大学というさまざまな環境で研究（道楽）生活を続けてきたことになる。日本人として、私は極めてユニークな経歴の持ち主といえるだろう。この間の私の研究テーマは以下のようにまとめられる。

一九七四〜一九八三（日本）：誘電体結晶／半導体結晶／物性

一九八三〜一九九三（アメリカ）：半導体結晶／物性、半導体デバイスプロセス技術

一九九三〜（日本）：文明と人間、ギリシャ・インド哲学、科学・技術史、基礎物理学・現代物理学、新炭素材料、水、古代鉄、日本刀、古代瓦、オカリナ、生物機能

日本に帰国してからの私の「研究（〝道楽〟という言葉の方がふさわしい）テーマ」を一瞥すれば、支離滅裂と思われるかも知れないが、私としてはすべて必然的に繋がっているものである。それらの原点は、私が半導体エレクトロニクスという最先端分野の研究に従事したことである。以来、私はいつも「森の中」を彷徨いながら、そのことを楽しんでいるのである。現在は、主として「生物の超技術」、特に「木」に関心を持ち、その流れの中で「木を食べる」ことになった次第である。

私の研究者人生の「総まとめ」のつもりで書いたのが『一流の研究者に求められる資質』（牧野出版、二〇一四年）だった。

木を食べる

——目次——

まえがき 1

第1章 木に惚れる

木に感動する 15
驚異の自然治癒力・再生力 20
驚異の揚水力 26
木は偉いのだ 33
天竜杉・檜との出合い 41
月齢伐採 45

天然乾燥 58
おが屑とかんな屑 64
木の新しい機能 66
木のリラックス効果 74

コラム❶ 木の寿命と引き際の美学 78

第2章 木は食べられる

木の細胞 87
細胞壁の構造 91
木の原料と形成過程 94
木は食べられるか 97
木を食べてみた 101

コラム❷ 木の葉はなぜ緑色か 103

第3章　木を食べる

「料理研究家」へのアプローチ　115
灯台下暗し　118
すでにあった「木を食べる」話　121
おが屑からスーパーウッドパウダーまで　126
マスコミ報道　131

コラム❸　『記・紀』の木　136

第4章　食糧革命

果てしなく拡がるスーパーウッドパウダー食品　143
健康食品のエース　146
ダイエット食品　148
花粉症に効果　151

間伐材の有効利用 154
日本の林業の第六次産業化 155
コラム❹　「進化」と「シンカ」 159
あとがき 164

志村史夫

木を食べる

牧野出版

第1章

木に惚れる

木に感動する

前述のように、私は長らく〝ハイテク（半導体エレクトロニクス）〟の分野で仕事をしてきた者なのであるが、日本の古代の先人たちの智慧と技術に圧倒されて『古代日本の超技術―あっと驚くご先祖様の智慧―』（講談社ブルーバックス、初版一九九七年、改訂新版二〇一二年）を上梓した。縄文時代の技術、倒れない五重塔、朽ちない鉄など、現代の〝ハイテク人〟を自負していた私は古代日本人の智慧と技術にあっと驚かされたのである。それらは、現代の科学・技術の視点で見ても、じつにみごとなもので、現代の最先端技術をもってしてもおよびそうもないものが少なくない。

このような〝古代日本の超技術〟の中で、私が心から感服したものの一つが、建造以来千数百年経ても凛とした姿を誇っている法隆寺に代表される日本の古代木造建築物だった。事実、そのような木造建築物の背景には、古代日本のさまざまな分野の匠たちの智慧と技術が凝縮されていることを知れば納得できる。

この時、ふと気づいたのが一本の木のことであった。

たしかに、法隆寺の五重塔はさまざまな古代木造建築技術の結集の結果として千数百年も凛とした姿で立ち続けているのであるが、その主材料には、樹齢二〇〇〇年といわれる檜が使われている。つまり、その檜は、二〇〇〇年もの間、風雪に耐え、文字通り〝一本立ち〟していたことになる。

法隆寺の〝昭和の大修理〟を陣頭指揮した西岡常一棟梁は「これら千年を過ぎた木がまだ生きているんです。塔の瓦をはずして下の土を除きますと、しだいに屋根の反りが戻ってきますし、鉋をかければ今でもいい檜の香りがしますのや。これが檜の命の長さです。」(『木のいのち木のこころ　天』、草思社、一九九三年)と述べている。

屋久島には樹齢七〇〇〇年を超えるという縄文杉もある。私が普段散歩する寺の境内には樹齢二、三百年という杉がきちんと並んで立っている。木の文明・木の文化の中で生きてきたわれわれは普段あまり意識することがないが、木は地上最大、最長寿の生きものである。木はすごい。私は木をこよなく尊敬している。

木の専門家にとっては、「木が立っていること」は当たり前で何の不思議もないことなのかもしれないが、〝ハイテク〟分野の私にとって、木が数千年間も風雪に耐えて〝一本立ち〟しているというのは、まさに驚異的なことなのである。私が生物の智慧にのめり込み、『生物の超技術―あっと驚く木や虫たちの智慧―』（講談社ブルーバックス、一九九九年）という本まで書くに至ったのは、まず、この〝一本立ち〟の木のすごさに驚いたからである。

外から何の支えも持たない木は、自分の根だけを頼りに、数百年も数千年も、風雪に耐えて立っている。

動物は、その場所が気に入らなければ、自分の意志と自分の足で他の場所へ移動することができるし、人間はいまの職場が気に入らなければ自分の意志で転職もできるが、大地に根を張った植物は、自分がいる場所がどんなに気に入らなくても、ひたすら、その場所で耐えなければならない。日陰の場所にも耐えなければならないし、斜面にもへこたれず、きわめて不自然な姿勢で上に伸びていかねばならない。数年前、ハワイ島の黒い熔岩台地の中で、しっかりと生き続けている草花を見た時、私は感動した。

私はこういう植物に頭が下がる。

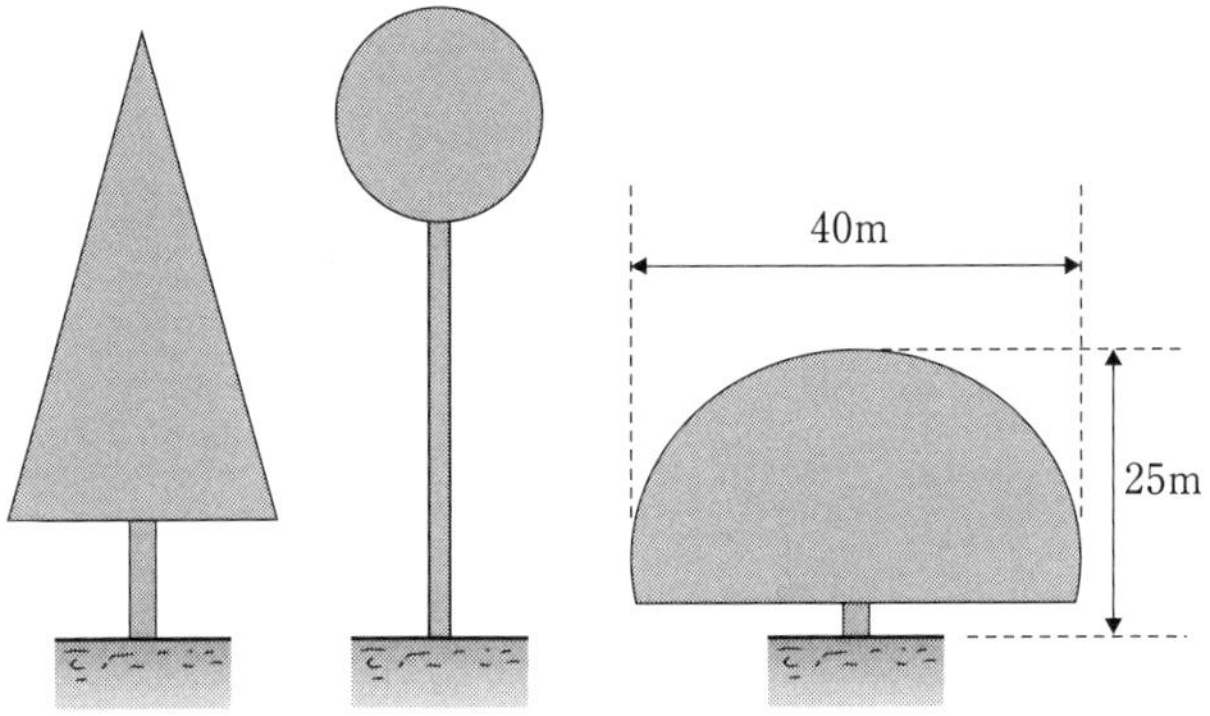

図1　不安定な形で直立する木

日本では高さ七〇メートル、直径七メートルほどの杉が最高、最大といわれているが、オーストラリアのユーカリや北アメリカのセコイアなどには高さが一二〇メートルにも達するものがあるという。

人間が建造する高層ビルやテレビ塔などには安定のための基礎・土台があるが、木は細身の身体で〝一本立ち〟している。また、実際の木は〝細身〟なだけでなく、図1（a）や（b）に示すように、幹の上部にかなりの重量の樹冠（枝や葉）を持っている。中には図1（c）のような樹高二五メートルほどで、枝幅が四〇メートルにも広がったモンキーポッドのような木もある。つまり、木は人工的建造物とは異なり、重心が上部にあるきわめて不安定な形状をしている上に、一本足で立っているのである。屋根の上のテレビアンテナも非常に不安定な形をしているが、一般的に、アンテナは三方向からのワイヤーで支えられており、結果的に安定が保たれている。木にはそのような支えのワイヤーなど一本もなく、文字通り〝一本立ち〟しているのである。

私は、このような沈思黙考、直立不動の木を見るたびにいつも感動している。まさに〝凛として〟立っている。そこで私は「凛」（〝示〟が〝木〟になっていることに注目）という字を創った。

地上最大、最長寿の生きものである木は機械的、物理的、化学的にきわめて強靭なのであるが、その実態については本書の主旨と離れるので割愛する。これらに興味がある読者は前掲『生物の超技術―あっと驚く木や虫たちの智慧―』（講談社ブルーバックス、現在電子書籍版のみ入手可能）を読んでいただきたい。

驚異の自然治癒力・再生力

アメリカ・ワシントン州南部にあるセントヘレンズ山は「ワシントン富士」とでも呼びたくなるような標高二五五〇メートルの美しい山だった。その美しい姿が一変してしまったのは一九八〇年五月の大爆発によってである。地震に続いて山体崩壊、岩なだれ、大水蒸気爆発が起き、爆風が六〇〇平方キロメートルの森林をなぎ倒した。さらに、連鎖的にマグマを出す大爆発、石流、泥流も生じ、周囲の景観が破壊された。標高も四〇〇メートル以上低下した。

二〇〇二年の夏、私はヘリコプターで上空から、また車で標高一二八〇メートルのジョンストン・リッジ展望台まで上り、大爆発から二二年後のセントヘレンズ山をつぶさに観察した。そして、まさに「不撓不屈《ふとうふくつ》」という言葉を彷彿《ほうふつ》とさせる「自然治癒力」に感動させられたのである。

噴出口付近はまだ褐色の堆積土砂に被われてはいるが、裾野から新生植物群が徐々に拡がっている。大爆発時になぎ倒された木の周囲は新生の木々に被われつつある。その下は、生育に適さない石英安山岩質の土砂であるにもかかわらず、である。噴出口に近いジョンストン・リッジ展望台あたりには、赤や白のかれんな花を咲かせる新生植物群も見られる。これらはいずれも、風や鳥が運んだ種が過酷な自然環境の中で育ったもので、私は植物の生命力の強さを目のあたりにする思いであった。

火山の爆発や地震や台風など、自然の破壊力は強大であるが、それにめげることなく生命を維持してきた、この地球上の生物のしたたかさに、私は畏敬の念を抱くとともに、自然生態系の中での自然治癒力、自然回復力の偉大さに驚かざるを得ないのである。人間が「余計なこと」さえしなければ、自然は自らの治癒力、回復力によって生態系を守り続けられるものなのだ。また、自然淘汰を含む、そのような自然治癒力、自然回復力を持つものこそが「自然生態系」と呼ばれるものなのである。

アメリカ西海岸ではしばしば大規模な山火事が起こるが、私がオレゴン州を訪れた二〇〇二年は例年以上に山火事が多かったようだ。私がオレゴン州の友人とクレーター湖からローズバーグに向かう山間の道をドライブしていた時、あたりが濃い霧に包まれたような状態になった。友人が「また山火事らしいな」といってからほどなく、私は生まれて初めての山火事に遭遇した。発火してから時間があまり経っていなかったらしく、テレビニュースなどで何度か見たことがある消火隊や消火ヘリコプターの姿はまだなかった。私たちが通りかかった時点では「大規模な山火事」ということではなさそうだったが、その日の夜のテレビニュースでその山火事のことが報じられていたので、それ相当の規模の山火事になったのだろう。思いがけず、偶然に「本場の山火事」を実際に見たことは、私にとって、まことに貴重な体験であった。

山火事で失われる森林や樹木は少なくなかろうが、自然生態系の中では、山火事に救われる森林や樹木もあるのだ。

オーストラリア・マウンテンアッシュというユーカリの仲間の果実は何年もの間、枝からぶら下がっている。この果実は火事の熱で初めて裂開し、種子が周囲にばらまかれる。一週間も経つと種子から芽が出て、急速に成長するそうである。

やはりオーストラリア〝特産〟である常緑樹のバンクシアは、果実、そしてその中に含まれる種子の形や構造が独特である。バンクシアの果実は堅い木質の殻を持ち、二枚貝が合わさって堅く閉じたような構造をしている。さらに、この果実は、もぎ取るのはほとんど不可能なほど強固に枝にくっついているのである。次世代の生長に必要な種子は、このような二枚貝状の果実の中に閉じ込められていることになる。何年間もこのままだが、火事が起こって、炎が枝を焦がすと、その強烈な熱によって〝二枚貝〟が開く仕組みになっているのである。つまり、バンクシアは火事が起こった時にだけ種子を地面にまくのである。

ブラシノキやバンクシアなどは、どうして火事の時だけしか種子をまかないのだろうか。じつは、これが、これらの木の〝種の保存〟また〝生存競争〟に勝つための周到な智慧なのである。

人間の植林やさまざまな保全のもとで育てられる場合と異なり、自然の中で自力で生きていかなければならない樹木は、さまざまな相手との生存競争に勝たなければならないのである。地面からの栄養や水、太陽光も奪い合わなければならない。

山火事によって焼き払われた周囲には〝競争相手〟が少なく、太陽光が存分に当り、灰の肥料が施されたばかりの地面に種子がばらまかれるわけである。これほど生長、そして種の保存に適した環境はないだろう。これらの植物は、まさに、山火事を利用するのである。

山火事を化学的に利用する植物もある。

植物が燃えると、植物ホルモンの一つであるエチレンガスが大量に発生する。ススキノキは、このエチレンガスが引き金になって花を咲かせる。また、南アフリカやオーストラリア西部の乾燥地帯に生息する多年草は雨期に開花するが、この開花に大きな影響を与えるのは、雨のほかに火事の時、表土に染み込んだ煙の化学物質である。この化学物質は開花に不可欠らしい。

もちろん、山火事は、ある観点からいえば、「災害」ではあるが、その「災害」を巧みに、そして、したたかに活かす植物たちの智慧は見事というほかはない。これも、ひたすら〝種の保存〟のために、気が遠くなるような長い年月をかけて、彼らが獲得した智慧なのである。われわれ人間も、災害復旧に見倣いたいものであるが。

植物もほかのすべての生きものと同様に寿命で朽ち果てる。また、さまざまな理由により、成長半ばで倒れることもある。

私は、オレゴンのシルバーフォールズ州立公園の深い森を散策している時、神々しさを感じさせる倒木の姿に感動した。朽ちた倒木が、次世代の若木の土台になっているのである。高さ五〇メートルを超える巨木が生い茂る森林の地面には、ほとんど日光が届かないが、土壌は肥沃なので日陰を好むコケやシダなどは十分に育ち、林床は緑に被い尽くされることになる。たとえ、このような林床に巨木の種子が落ちても、発芽、成長は困難である。

このような状況下で、子孫のためのすばらしい「苗床」となるのが巨木自身の「死体」つまり倒木なのである。巨木は幹も太いので倒れてもシダ類の下に埋もれることはない。さらに、水分や栄養分を十分に含んでいるので、種子がその上に落ちれば、発芽、成長が容易である。若木の根は成長するにつれて、倒木の側面をつたって、さらに肥沃な土壌の中に入っていく。

子孫である若木が十分に育ち、一本立ちできるようになった時、役目を終えた老木は文字通りの生涯を閉じるということになるのだろう。このような倒木、そしてそれを土台にして育っていく新しい世代の木の姿を見るにつけ、私は、一層、木が愛しくなるのである。

驚異の揚水力

空気と共に、地球上のすべての生きものにとって生命を維持するために必要不可欠なのは水である。動物は水を求めて動けるが、植物はそういうわけにはいかない。したがって、植物には、生命の源泉である水を体内に取り入れ、確保するための機構と機能が動物以上に備わっているのである。

植物は地上の葉や枝などからは水を吸収できないので、もっぱら土壌中に含まれている水を根の表面から吸い上げる。また、植物が生きていくためには光合成で生産されるブドウ糖だけでは不十分で、さまざまな養分を土壌から吸収しなければならない。それらは水に溶けているので、結局、水を吸収することが生命を保つための第一歩である。

水は根の表面から吸収されるので、より多くの水を吸収するためには、根の表面積をより大きくする必要がある。そのために、根の構造にはさまざまな、そしてじつに絶妙な工夫がなされている。たとえば、表面積を大きくするための最も単純な発想は、細い根をたくさん、長く伸ばすことである。しかし、植物の根のもう一つの大きな役割は、本体が倒れないように、地上部分をしっかりと支えることである。細くて長い根では、その役割を果たすことができない。そこで、植物はまず太くてしっかりした〝土台〟としての根を張り、そこから水分吸収のための細くて長い根を生やすという二重構造を持っている。

　また、それぞれの植物が生育する環境によって、根の張り方にも違いがある。つまり、地表近くに水分が十分にある場合、植物は地表近くに根を張り巡らすし、地中深くにしか水分がない場合には、根をまっすぐに下に伸ばしていく。私がハワイ島のキラウエア火山の熔岩台地にけなげに生きる植物たちを見て感動したことはすでに述べたが、彼らの根は貴重な水を求め、熔岩塊の間を縫って、ひたすら下へ下へと伸びていっていることだろう。

　水は光合成の必須成分であるが、水の役割はそれだけではない。植物を構成する細胞は水を吸収することによって膨張し、外向きの力が生じることによって植物をしっかりと直立できるようにしている。このことは、空気が充満したゴム風船と、空気が抜けたゴム風船を思い浮かべれば理解しやすいだろう。ゴム風船が細胞、空気が水に相当する。このため、葉や茎から水を吸収すればよいが、前述のように、残念ながら葉や茎は水を吸収できないのである。したがって、植物は根で吸収した水を茎や葉まで運ばなければならない。

樹木の体内の水の移動経路を考えてみる。

土壌中から根によって吸収された水は導管を上昇して葉に到達し、大気中へ蒸散される。じつは、この蒸散にも植物の絶妙な智慧を見ることができる。

水分は光合成に必要だから、根から光合成が行なわれる葉まではるばる運ばれるのであるが、必要以上の水分はむしろ害になるので外部に捨てられなければならない。余分な水を水蒸気として発散（蒸散）して大気中に捨てるのと、光合成に必要な炭酸ガスを大気中から取り入れる役目を果たすのが葉の中にある気孔であり、実際の開閉の〝窓〟に相当するのが孔辺細胞である。余分な水分は気孔の内側に集まって水蒸気になる。光合成に必要な炭酸ガスを取り込むために〝窓〟を開くと同時に、水蒸気は大気中に蒸散されることになる。その仕組みはまさに絶妙である。

逆に、砂漠などの乾燥地で生きる植物は、乾燥に耐えるための特別の工夫が必要である。水分の確保と同時に、得た水をいかに保持するか、ということである。水分の確保については、すでに述べたように、根の伸び具合に委ねられる。

水分の保持は、〝根の発想〟とは逆に、葉の表面積をいかに小さくするか、にかかっている。葉の表面積を小さくするには、普通の平面状では不都合である。同じ体積で表面積が一番小さい形状は球であるから、理想的には球状の葉が望ましく、一般的には針状であればよいだろう。その実例はサボテンに見られる。サボテンの棘は、じつは、葉なのである。また、針状の葉は、サボテン以外にも杉や檜などの〝針葉樹〟にも見られる。一般的に、針葉樹は寒冷地に生息し、そのような土地では冬に地面が凍結するため水分の吸収ができなくなるので、〝針葉〟はそれに耐えるための自衛手段である。

さて、いよいよ本項のクライマックスである。

樹木も大きくなると高さが数十メートル、世界最高のものになれば一〇〇メートルにも達する。そのような高さまで、植物はどのようにして水を運び上げることができるのだろうか。一〇〇メートルといえば、地上二五階建のビルの高さに相当する。植物の根が、水をそれほどの高さにまで〝押し上げる力〟を持っているとは考えられないから、植物の水は〝何らかの力〟によって吸い上げられているに違いない。植物は、超強力吸い上げポンプのようなものを持っているのだろうか。

じつは、単純な物理学の計算で割り出せることなのだが、水をいくら強力なポンプで吸い上げようとしても約一〇メートルの高さが限界なのである。このことは、人がストローで水を吸い上げる場合にもいえることで、どれだけ超人的な吸引力の持ち主でも約一〇メートル以上は吸い上げられない。われわれも、そして植物も一気圧の大気圧の中で生きているのであるが、一気圧は一平方センチメートルあたり約一キログラムの圧力に相当する。水の重さは一立方センチメートルあたり約一グラムなので、底面積が何平方センチメートルであっても、ポンプで吸い上げられる水の高さは約一〇メートルにしかならないのである。

したがって、植物がいかに超能力の持ち主であっても、約一〇メートル以上の高さに水を吸い上げるのは物理的に不可能なのである。

しかし、現実として、一〇メートルを超える高さの木はもとより、数十メートルを超え、一〇〇メートルほどの高さの木が存在している。つまり、事実として、植物は根から吸収した水分や養分を重力そして大気圧に抗して、その高さまで運び上げ、文字通り〝枝葉末節〟まで配給しているのである！

植物はどのような超能力を持っているのだろうか。

一九世紀末から二〇世紀初頭にかけて、多くの植物学者がこの〝植物の超能力〟解明に挑戦してきたのであるが、結論を先にいえば、いまでも完全に解明できているわけではないのである。

たとえば、根が水を押し上げるという「根圧説」、細い管を水が昇るという「毛細管現象説」、気孔からの蒸散が水を引き上げるという「蒸散説」などで説明が試みられてきた。しかし、これらの説では現実の現象を矛盾なく説明することができないのである。

私自身は植物の専門家ではないが、長年、物理学に関係してきた者としては、「蒸散によって吸水力が生じ、根から葉にいたる水柱が、この吸水力と水分子同士の凝集力によって引き上げられる」というモデルが最も魅力的であるし、事実、このような考え方が最も有力な説として定着しているようでもある。最近は、さらに、水の表面張力、浸透圧、細胞内圧力などの「ポテンシャル」を加味した「水ポテンシャル説」によって定量的に説明されているらしい。

わかりやすくいえば、植物は〝バケツリレー〟によって〝エレベーター〟の役目を果たす導管（仮導管）まで運ばれ、次に〝エレベーター〟によって〝階上〟の細胞まで〝宅配〟され、またさらに各細胞は〝バケツリレー〟によって配水される仕組みである。そして、このような〝エレベーター〟や〝バケツリレー〟の主要な原動力が「蒸散による吸水力と水分子同士の凝集力」であり、総じて「水ポテンシャル」ということになる。

生命の源である水の確保、運搬についての植物のさまざまな超能力、超技術、智慧を知るにつけ、そして、それらと人間のものを比べてみるにつけ、私は植物に対してひたすら平伏せざるを得ないのである。

このように思っていた折、『Nature Plant誌〈電子版〉』（二〇一五年二月二日付）にイギリス・シェフィールド大学のベアリング教授の〝Newton and the ascent of water in plants（ニュートンと植物中の水の上昇）〟という論文に遭遇した。

ベアリング教授はニュートンがケンブリッジ大学の学生だった一六六〇年代のノートに書かれた〝vegetable（植物）〟と題するメモに着目し、そこに、明らかに上記の「蒸散説」のさきがけが植物の中の水の上昇の物理的考察が述べられていることを認めた。私は改めて、物理学者・ニュートンの偉大さを思い知らされた。

木は偉いのだ

われわれ人類を含む地球上のすべての生物は〝自然生態系〟の中で生きている。生物には一個体だけの〝孤独な生活〟というのはあり得ず、周囲の生物集団と共に〝生態系〟という自然界の秩序の中で生きているのである。近年流行の言葉でいえば〝共生〟である。

地球上の生物は、およそ四〇億年前の原始生命の誕生以来今日まで多種多様に分岐、シンカしてきたのであるが、この多種多様な生物は、系統的に見ると、大きく植物類、動物類、そして微生物類（菌類）に分類される。

ヘンな話ではあるのだが、私は小さい頃から何となく、植物、動物、微生物の中では、動物が一番「偉い」という気がしていた。そして、学校でも、人類が最もシンカした一番「偉い」生きものである、と教わったような気がする。人類がなぜ一番「偉く」なったのかといえば、人類が最も立派な脳を持っていたからであり、そして、その結果、智能を発達させたからだ、と教わった。

一般的に、智能は獲物を追ったり、配偶者を求めて動きまわる動物だけに発達した特性であり、自ら移動できない植物には智能が発達しなかったといわれている。このようにいわれれば、智能を持たない植物や微生物より、智能を持った動物の方が偉そうに思えるのも仕方がないだろう。

しかし、本当に、植物には智能が「発達しなかった」のだろうか。

植物は、〝光合成〟つまり環境から炭酸ガスと水を取り込み、太陽エネルギーを使って、自分が生きていくために必要な栄養（〝食物〟）、具体的にはブドウ糖と酸素を生産できる。つまり、植物は〝独立栄養生物〟であり、「他者」の「世話」にならずに生きていけるのである。

ところが、動物は、自分が生きていくために必要な食物を自分自身で生産することができず、食物を植物や他の動物に依存しなければならない〝従属栄養生物〟である。このような動物は、必然的に、食物を見つけるために動きまわらなければならず、絶えず、外界、他の動物との衝突や摩擦が避けられない。つまり、〝従属栄養生物〟である動物には、常に意識的行動が必要であり、生存のためには、感覚、知覚、反応のための神経系と認識、判断、選択のための脳を発達させなければならなかったのである。〃独立栄養生物〃である植物は、「移動できない」のではなく、生きていくために、動物のように動きまわる必要がないのである。したがって、動物のように衝突や摩擦を避けるための智能のようなものを発達させる必要などなかったのである。

もちろん、植物が持っている極めて高度な能力や智慧のことを考えれば、植物が「智能」を持っていないとは考えられない。植物は、動物の智能のような「処世術」的智能を持っていないのであって（持つ必要がないから）、植物は自ら潔く、孤高の生活を送るための智能を持っているのである。

自然生態系の中で、生物類の〃はたらき〃という側面から見れば、植物類は〃生産者〃、動物類は〃消費者〃である。また、地味な存在ながら忘れてはならないのが微生物類で、彼らは、すべての生物の生産物、排出物、遺体などの有機物を分解して、すべての生命にとって不可欠な無機物に還元する〃還元者〃である。いずれにせよ、動物が生きていくためには、〃生産者〃である植物と〃還元者〃である微生物に頼らなければならないのである。

もし、人類が最も智能が発達した生物なのであれば、それは、人類が最も智能を発達させなければならなかった結果である。つまり、この地球上で、人類が最も従属性が高く、最も「処世術」的智能を持たなければならない生きものであるということであろう。

このように考えれば、私は、人類はもとより、動物が植物より「偉い」なんて、甚だしい誤解、甚だしい認識不足だった、と恥じ入らねばならない。そして、どのような風雪にも耐え、孤高の姿で凛として立つ木々の姿を思い浮かべれば、私はいまさらながらに、植物に対する畏敬の念を強くする。

ところで、いつ頃からだったか、「植物人間」という言葉がしばしば使われている。国語辞典によれば、「植物人間」とは「植物状態に陥ったまま生存している患者」(『広辞苑』岩波書店)とある。私がいま述べてきたことから類推すれば「植物状態に陥った」というのは、「かなり高度な状態」であることを思い浮かべるのであるが、それに続く「生存している患者」という文句がいささか気になる。

そこで、もう一冊の国語辞典で調べてみると、なんと、「(呼吸・循環器系機能は保たれているが)大脳の傷害により、意識や運動能力を失ってしまった寝たきりになった人」(『新明解国語辞典』三省堂)と説明されているではないか。このような状態の人に「植物」を使うのは、極めて不適当であり、植物に対する不見識を暴露するものである。また、植物に対して極めて失礼なことでもある。「植物人間」と呼ばれるような人であれば、最低限、自力で凛として立っていてもらわなければ困る。

従属生物の最たる人間が、このような誤った言葉を使っていてはまずいのではないか。

ところで、光合成については誰でも学校で習って知っていると思うが、これは私がこよなく驚異的に思い、植物に衷心から畏敬の念を抱く根本的なことでもあるので、ここできちんと復習しておきたい。

植物は、無機的環境（空気）から二酸化炭素（CO_2）と水（H_2O）を取り込み、太陽光エネルギー（具体的には光量子のエネルギー）を使って、有機物、具体的にはブドウ糖（グルコース：$C_6H_{12}O_6$）と酸素（O_2）を生産する。これが有名な〝光合成〟と呼ばれるものである。この光合成は植物の葉の中の葉緑素（クロロフィル）が行なうのだが、それを簡略した化学式で表わせば、

$$CO_2 + H_2O + \text{太陽光エネルギー（光量子）} \rightarrow \frac{1}{6}(C_6H_{12}O_6) + O^2$$

となる。

植物がになう重要な仕事は、無機物から有機物を合成することであるが、それは同時に、物理的な太陽エネルギーを化学エネルギーに変換することである。

動物は、植物が作り出す有機物、化学エネルギーを摂取し、成長・増殖、さらに生活行動に必要な物質・エネルギーを得て生きている。このこと一つを考えてみても、われわれ動物は、植物に対する感謝の気持ちを忘れてはならないのである。

木自身は自らの光合成によって作り出されたブドウ糖を樹体内部の隅々に送り、それを原料にして細胞壁を作っている。つまり、前述のように、植物は自分のからだの材料を自分で作ることができる〝独立栄養生物〟だが、われわれ動物は、植物が作ってくれた有機物を消費するだけの〝従属栄養生物〟である。動物は植物が存在しなければ生命を維持できない。結局、植物（厳密には〝緑色植物〟）の葉の中の葉緑素が行なう光合成がすべての生命を支えていることになる。

この項の最後に、私が大好きな田村隆一の「木」という詩を掲げたい。私は、この詩を読むたびに、木に惚れ惚れするのである。この詩を読めば、誰でも木に惚れるのではないだろうか。ちなみに「惚れる」とは「たまらなくそのものが好きになって、他の存在など忘れてしまう。そのことに心を奪われ、他のことを忘れてしまうほど夢中になる」（『新明解国語辞典』）という意味である。いずれにしても、私は「そのこと」に惚れなければいい仕事、いい研究はできないと思う。〝道楽〟こそ〝惚れたこと〟の典型である。

木は黙っているから好きだ
木は歩いたり走ったりしないから好きだ
木は愛とか正義とかわめかないから好きだ

ほんとうにそうか
ほんとうにそうなのか

見る人が見たら
木は囁いているのだ　ゆったりと静かな声で
木は歩いているのだ　空にむかって

木は稲妻のごとく走っているのだ　地の下へ
木はたしかにわめかないが
木は
愛そのものだ　それでなかったら小鳥が飛んできて
枝にとまるはずがない
正義そのものだ　それでなかったら地下水を根から吸いあげて
空にかえすはずがない

若木
老樹

ひとつとして同じ木がない
ひとつとして同じ星の光りのなかで
目ざめている木はない

木
ぼくはきみのことが大好きだ

天竜杉・檜との出合い

私が植物をこよなく尊敬していることから、いささか長い「植物の紹介」になってしまったようである。

これから、現実的に「木を食べる」話に一歩ずつ近づいていきたいと思う。

二〇一三年九月、「〝新月伐採の木〟は腐りにくい、割れにくい、狂いが少ない」などと主張している天竜の林業者が、私のある知人を通して私に面会を求めてきた。彼は、私の『古代日本の超技術』、『生物の超技術』を読み、私が木に強い関心を持っていることを知り、私に面会を求めたのであるが、私には〝新月伐採の木〟の優位性を科学的に理解することはできないし、私の親しい友人で「木」の専門家であるH氏が、その人のことを「バカなことをいっている」と激しく批判していたので、私は面会を鄭重に断った。

ところが、その〝ある知人〟（当時、静岡県医師会会長だった天竜・水窪《みさくぼ》在住の鈴木勝彦医師）から、再度、「少しの時間でもよいから、とにかく、一度会って、話を聴いて欲しい」と頼まれることになり、私は本当に〝少しの時間〟だけ、その天竜の林業者に会うことにしたのである。

こうした経緯で、その天竜の林業者つまり榊原正三氏（天竜T．S．ドライシステム協同組合理事、榊原商店代表）が大学に私を訪ねてきたのは二〇一三年九月一三日だった。いまにして思えば、その時が、私と榊原さんとの運命的な出合いだった。

私はいままでの研究においてはいうまでもなく、私が出合うさまざまなこと、さまざまな人物に対して閃き、直感で判断してきて、そのことにほとんど狂いがなかったことに自信を持っているのであるが、私の榊原さんに対する第一印象は「熱意がすばらしい、人品卑しくない、話の内容が興味深い」であった。そして、何よりも、私が惚れている木に対する純粋な愛情をたっぷり持っている人物であり、私が一緒に仕事をできる人物であると直感したのである。

写真1　天竜・水窪遠景

榊原さんの話の内容は、私の科学的知識からは不可解なことも少なくなかったのであるが、〝少しの時間〟だけだったつもりが結果的に数時間にわたる初対面になった。私は『古代日本の超技術』、『古代世界の超技術』（講談社ブルーバックス）で縷々述べたように、どのような分野であれ、現場の人、職人さんの話は大好きであり、絶大の信用を置いてもいるが、榊原さんは単なる経営者、協同組合の理事ではなく、まさに林業の〝現場の人〟だった。

そして、私が天竜・水窪の〝現場〟を訪れたのは二〇一三年一〇月一〇日である。

水窪は静岡県西部地区の北部（北遠）、愛

写真2　天竜杉・天竜檜

知県と長野県の県境に近い山深い山村である。かつては水窪町という独立した「町」として存在したが、二〇〇七年七月一日、周辺の佐久間町、春野町、天竜市、浜北市などの一〇市町村とともに浜松市へ編入合併され、現在は浜松市天竜区の一部となっている。水窪は中央構造線に沿う盆地で、天竜川の支流、水窪川に沿った形で人家が存在する町である（写真1）。この水窪の自慢はまず美しい天竜杉と天竜檜（写真2）の山である。そして、夏季の雨、冬季の雪と山林が生み出す豊富なおいしい水である。この地域は、江戸時代には周智郡領家村水久保と呼ばれ、一九〇三（大正一四）年五月に「水窪町」と改称されたという記録がある。地名の「水久保(窪)」は豊富なおいしい水と無関係ではないだろう。かつての水窪町の町章が年輪と「水」という漢字を重ねたデザインになっているように、水窪の象徴は現在に至るまで木と水である。

この水窪の杉と檜が、私の晩年の道楽研究の対象となったのだから、人生、まことに妙であり面白い。

月齢伐採

私は水窪にある天竜T.S.ドライシステム協同組合の製材所で伐採から製材、出荷までの工程管理の詳細な説明を受けた。そこでは、私が好きな〝こだわり〟が随所に見られる。ちなみに「私が好きな〝こだわり〟」とは「(1)他人から見ればどうでもいい(きっぱり忘れるべきだ)と考えられることにとらわれて気にし続けること、(2)他人はどう評価しようが、その人にとっては意義のあることだと考え、その物事に深い思い入れをすること」(『新明解国語辞典』)という意味である。

その〝こだわり〟は、まず、伐採時期を月齢に従って決めていることである。つまり、満月から徐々に月が欠けていく新月までの期間に伐採し、新月から徐々に月が満ちていく満月までの期間は伐採しないのである。

一般的に、木材となる木は含まれるデンプンと水分の量が減少するおよそ九月から二月にかけて伐採される。この伐採時期は木が育っている場所の標高や気温によって多少異なるが、本質的には同じである。それは、冬に伐採された木と夏に伐採された木とでは木に含まれる成分（特に水分、デンプン質）の構成が異なり、その結果、冬材の菌類や虫に対する抵抗力が夏材より強いからである。事実、冬に伐採された木に虫が入りにくいことが知られている。これらの事実は、良質の木材を得る上で決定的に重要なことである。

さらに、上記の事情に加え、夏と冬で、伐採した丸太の運搬のしやすさに大きな違いがあることも関係しているだろう。つまり、夏は現場まで薮を抜けて行かねばならないし、積雪地の冬であれば橇《そり》も使えるので運搬が非常に楽である。また、一般的に、夏の農繁期と比べ冬の農閑期の方が人手が集まりやすいという利点もあるのだろう。

このことに加え、天竜T.S.ドライシステム協同組合がこだわっているのが、月齢を考慮した伐採、つまり「月齢伐採」なのである。

われわれ〝地球人〟にとって最も身近で、親しみを持つ天体はいうまでもなく太陽と月である。

月は太陽と異なり満ち欠けするので、古今東西、〝月〟にかかわる神話や伝説が少なくない。月は太陽のように自ら光り輝くものではないので、太陽に照らされた部分が反射し、地球からはあたかも〝満ち欠け〟しているように見えるのである。その満ち欠けは地球と太陽と月の位置関係で決まる。月は地球のまわりを約二九・五三日の周期で公転しているので、その周期で朔（新月）から徐々に膨らみ上弦（半月）、望（満月）となり、徐々に欠け、下弦（半月）を経て朔（新月）に戻る。この一周期を朔望月と呼ぶが、これが太陰太陽暦（旧暦）の一か月の基本である。図2は太陽と月と地球の位置関係を示し、内側の月が太陽に照らされた部分、外側の月が地球から見た、見かけの月の満ち欠けである。

日本では「月を愛《め》でる」という習慣がすでに縄文時代からあったらしいし、平安時代には貴族の間で「観月の宴」が盛んになる。秋の夜空に浮かぶ満月を見れば、誰でも「美しい」と想うと思うのであるが、不思議なことに、これは世界共通の感覚ではないようだ。私は

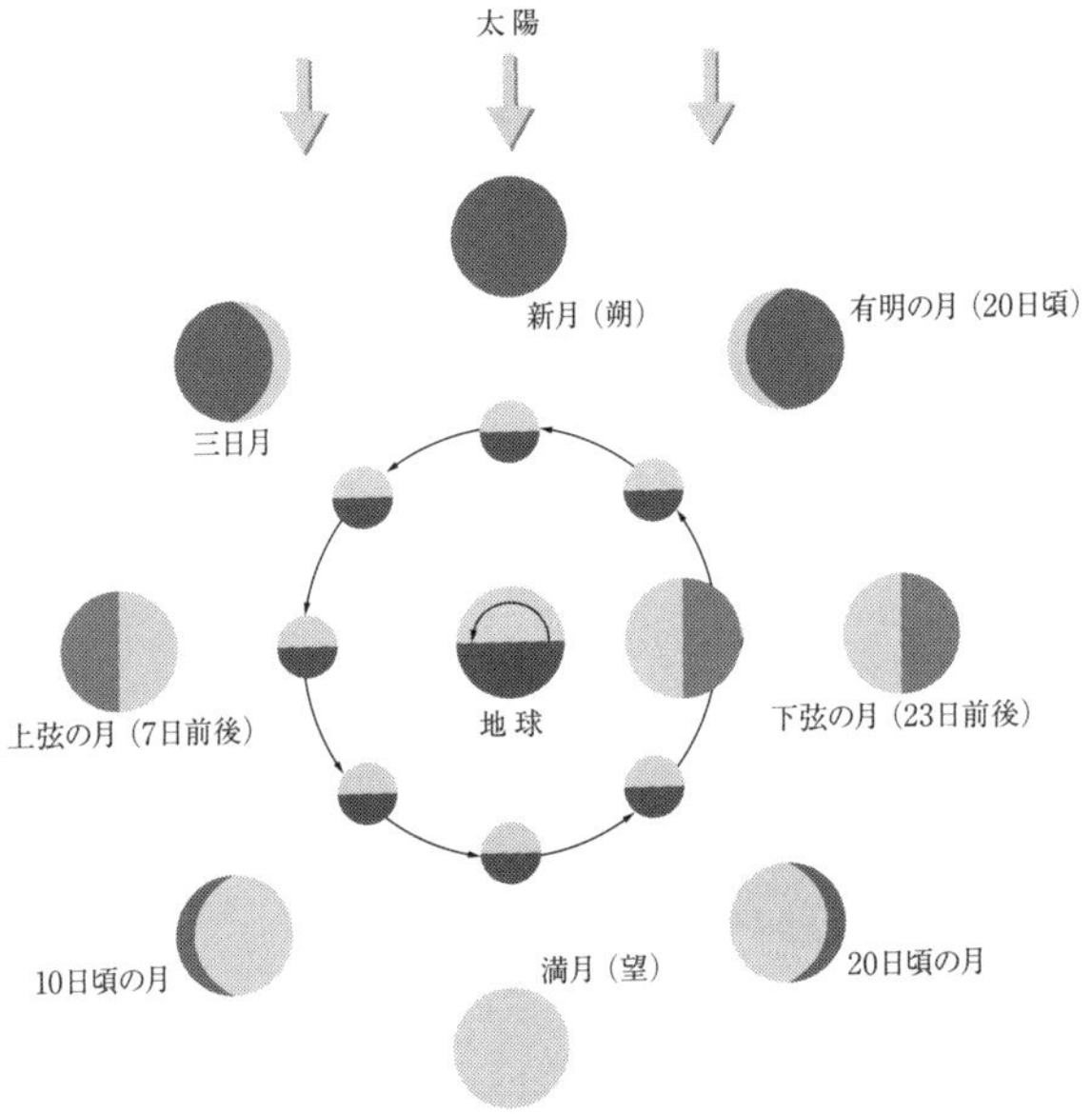

図2　月の満ち欠け（月齢）

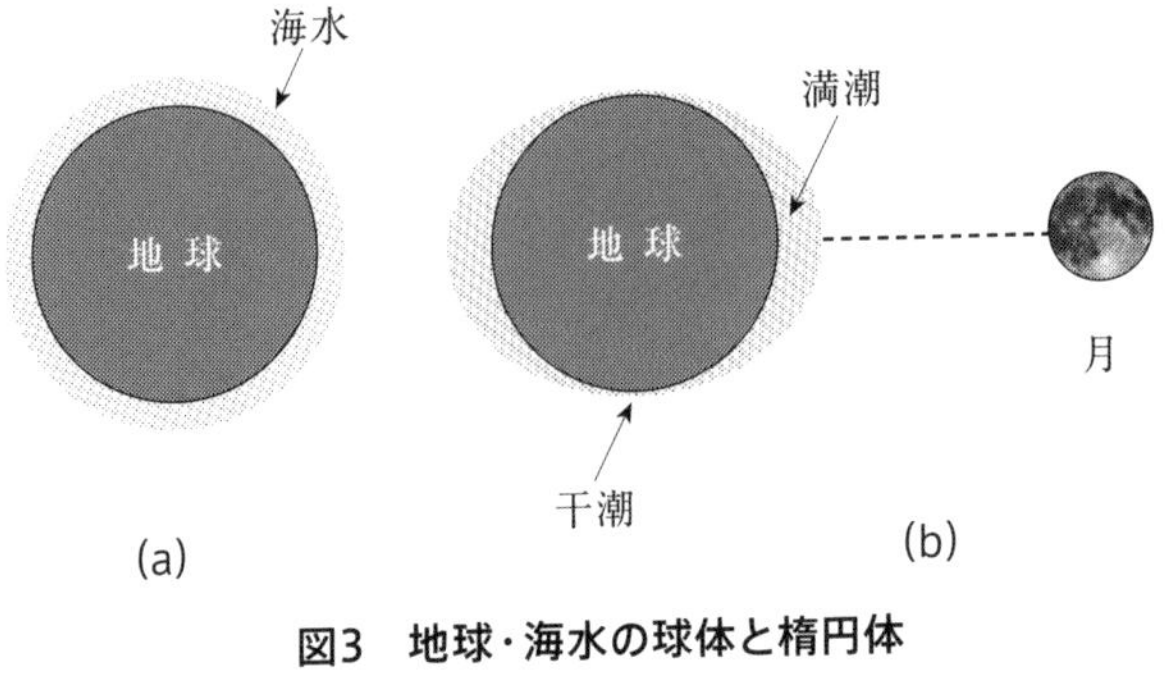

図3　地球・海水の球体と楕円体

アメリカで一〇年余暮らしたが、「月を愛でる」というアメリカ人に会ったことがない。
一般的な欧米人にとって、満月は人の心をかき乱し、狂わせるものらしく（そういえば、狼男が変身するのは満月の夜である）、また月の女神が死を暗示したりするから、月を眺めて楽しむという気分にはなれないようだ。〃満月〃という自然現象に対しても、その感じ方が民族によって異なるのは面白い。

いずれにせよ、普通の日本人にとって、澄み渡った秋の夜空に輝く満月はうっとりするほど美しいものである。芭蕉にも「月見する座に美しき顔もなし」という句がある。幸いなことに、夜は真っ暗になる田舎で暮している私は、一年に何度も満月を愛でることができる。しかし、月はいつでも満月、名月というわけではなく、毎日姿を変えたり、出る時間が変わったりで、〃気紛れもの〃に思えるので、昔から人々に親しまれてはいたものの、時に恐れられ、不吉な気持ちを与えたであろう。

天竜T．S．ドライシステム協同組合は、このような「月のサイクル（月齢）」を考慮した「月齢伐採」を行なっており、具体的には、満月から新月まで、月が徐々に欠けていく時にのみ伐採している。特に、新月伐採と満月伐採の木を比べると、それらの〃材質〃の差は顕著で、新月伐採の木は虫害や腐り、製材した後の割れや反りが少ないというのである。

この天竜T・S・ドライシステム協同組合の「月齢伐採」は二〇〇三年五月に発行された『木とつきあう智恵』（E・トーマ著、宮下智恵子訳、地湧社）に従っていると聞いている。この本のカバーの帯には「月のリズムがつくる『新月の木』は腐らない。暴れ・くるいがない。火が燃え付かない。千年使える。室内の空気を浄化する。心が安らぐ。シックハウスにならない。日本の山林を回復させる。」と書かれている。

じつは、私は長年「月のリズムが生物に与える影響」に興味を持ち、人間を含む地球上のすべての生物にとっては「太陽暦」よりも「太陰暦」の方が理にかなっていると考えている。そこで私はこの帯の「宣伝文句」にひかれ、この本を発行直後の二〇〇三年五月に読んでおり、結論として、興味深い「おはなし」ではあっても、私には「科学的理解」が不可能な内容であった。

もちろん、月齢は図2に示される通りであり、太陽・地球・月が一直線に並ぶ新月、満月の時と互いに直角に位置する上弦、下弦の月の時では地球に作用する引力（重力）の強さが大きく異なるのは疑いもなく物理的事実である。

海に囲まれた日本列島で暮らす日本人の誰もが潮の満《み》ち干《ひ》（満潮と干潮）のことを知っている。昔から、海辺の人々は月の満ち欠けと潮の満ち干との強い相関も経験的に知っていた。

なぜ、潮の満ち干が起こるのだろうか。

話を簡単にするために、図3（a）のように、地球をどんな力が加えられても変形しない固体の球とし、その上を一定の厚さの海（海水の層）が被っていると考える。

ここで（b）に示すように、地球の右方向に存在する月を考えれば、万有引力（潮汐力《ちょうせきりょく》と呼ばれる）が月と地球との間に作用する。この時、中にある固体の地球は変形しないが、海水の層は楕円体に変形する。その様子が図3（b）に描かれている。海面が膨らんだ部分が満潮であり、それと直角方向の海水の層が薄くなった部分が干潮である。

ちょっと考えると、地球の月に面した側だけが満潮になり、その反対側では干潮になりそうな気がするのだが、実際にはそうならず両側で満潮になり、それと直角方向の場所で干潮になることの理由について興味がある読者は拙著『いやでも物理が面白くなる』（講談社ブルーバックス）を読んでいただきたい。

さて、地球は図3（b）に示す海水の楕円体の中で、一日に一回自転しているので、二四時間の一回転ごとに二回の満潮と二回の干潮が生じることになる。ちなみに「潮汐力」の「潮」は「あさしお」、「汐」は「ゆうしお」のことである。

いま、月の引力と満潮・干潮との関係を述べたが、当然、このような引力は地殻の変動にも影響を及ぼす。事実、われわれが立っている地面は、その引力のためにほぼ一日に二回、上下に動いており、その差は最大で二〇～三〇センチメートルにもなるらしい。だとすれば、月の引力によって地震が誘発されるようなこともあり得るだろう。二〇〇〇年六月以降、伊豆諸島の一つである三宅島の火山活動と並行して山頂直下を震源とする地震が頻発したが、その発生は一日二回の満潮の頃に集中していたそうである。

また、友人の医師から老人や病人の死亡時間と満潮・干潮時間との間にも相関があるような話を聞いたことがあるが、それも人間の心臓のポンプ作用のことを考えれば不思議なことには思えない。

地球上の引力には太陽による引力も関係し、実際に起こる潮の満ち干は月と太陽の潮汐力の〝足し算・引き算〟の結果である。

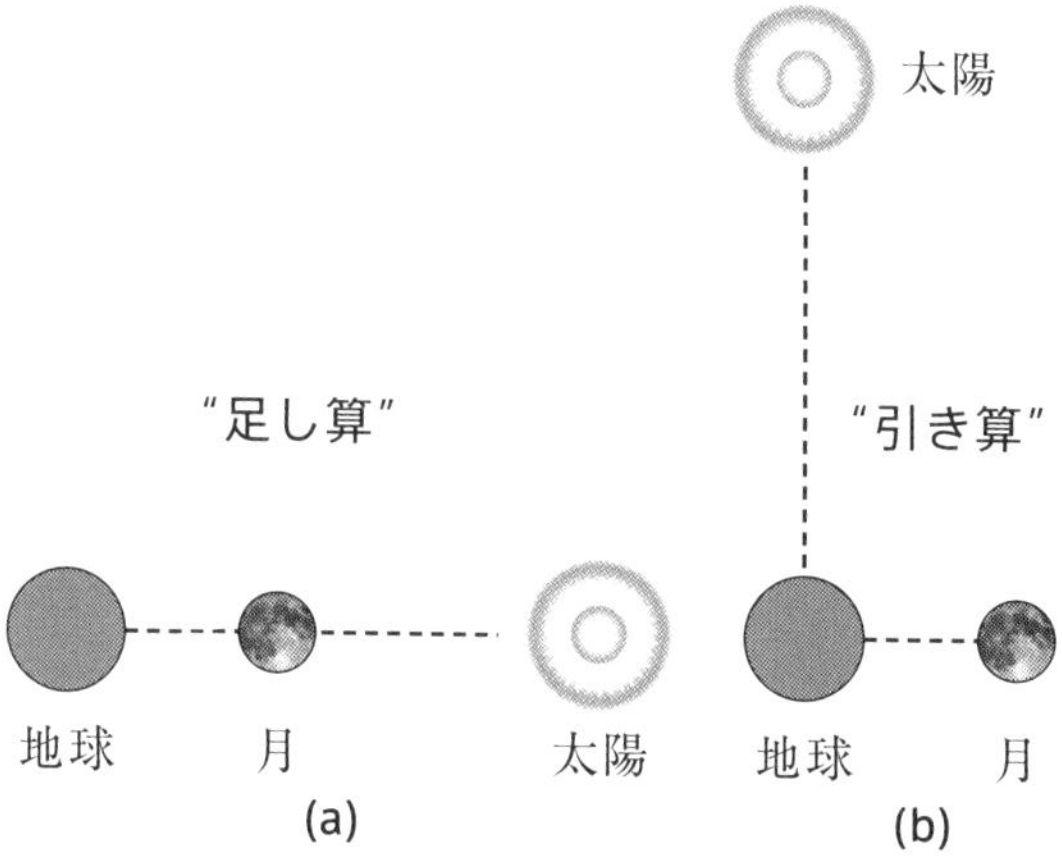

図4　潮汐力の"足し算"と"引き算"

つまり、図4（a）に示すように、地球・月・太陽（あるいは太陽・地球・月）が一直線上に並んだ場合は、月と太陽の引力が重畳された〃足し算〃効果によって地球に作用する引力は最大になる。この結果、図3（b）の満潮の膨らみは増す。一方、図4（b）に示すように、太陽・地球・月の位置関係が直角になった場合は、〃引き算〃効果によって満潮の膨らみは小さくなる。

前者が大潮《おおしお》と呼ばれるもので、これは図5に示すように、月の満ち欠けでいえば満月と新月の時に相当する。つまり、大潮はひと月に二度巡ってくる。一方、後者が干満差が最小になる小潮《こしお》で、これは上弦の月

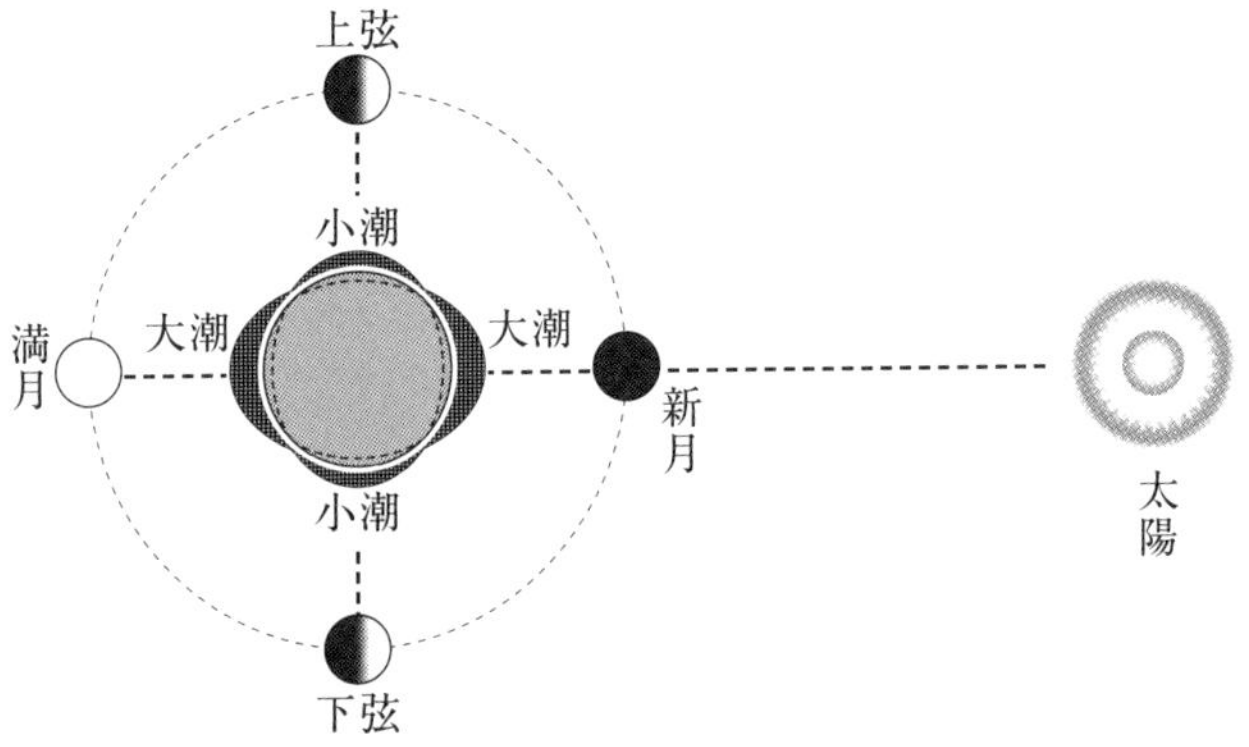

図5　大潮と小潮

と下弦の月の時である。この小潮も大潮と同様、ひと月に二度巡ってくる。

いま述べたように、地球に作用する引力は月と太陽の両方による引力が合わさった結果である。万有引力は「関係する物体の質量の積に比例し、両物体間の距離の二乗に反比例する」であり、太陽の質量は月の質量と比べれば圧倒的に大きいのであるが、二乗で反比例する距離も圧倒的に大きいので、結果的に、月による引力が地球に大きな影響を及ぼすことになる。したがって、地球上のすべての生物のバイオリズムが「月齢」に依存するであろうことに異論はない。

「まえおき」がだいぶ長くなってしまったのであるが、ここで私が話題にしたいのは前記の『木とつきあう智恵』に書かれている「『新月の木』は腐らない、暴れ・くるいがない、火が燃え付かない、千年使える、室内の空気を浄化する、心が安らぐ、シックハウスにならない」ということである。これらは私自身が確認したことではないが、天竜T・S・ドライシステム協同組合からは「新月伐採の木は割れにくい、虫がつきにくい」ことを示すデータ（写真）を見せられている。天竜と共に良質な杉の産地として知られる吉野でも昔から「木は闇夜に倒す」といわれ、月が完全に欠け、闇夜となる日前後の昼間に伐採するのがよいとされ、その伝統が守られているそうである。

また後述（「木の新しい機能」）するように、私自身、まだ一度だけとはいえ、私自身の研究室で、新月伐採の木と満月伐採の木の〝違い〟を実験結果として得ている。

建築などの用途に用いられる木材が少なくとも数十年の樹齢をもつ木から得られることを思えば、その伐採期が新月の日か満月の日か、つまり一五日の差で、それらの機械的、物理的、化学的性質が異なることを科学的に理解するのは無理である。私の友人の木の専門家が「そんなバカな話はない」と一笑に付すのもよくわかる。私も一笑に付したい。

じつは、本章「天竜杉・檜との出合い」の冒頭に書いたように、最初、私は榊原さんとの面会を拒んだのであるが、その理由は、まさに「そんなバカな話はない」であったのだ。普通の（まともな？）科学者は「そんなバカな話」を真面目に聞かないだろう。

しかし、『古代日本の超技術』、『古代世界の超技術』で強調したことでもあるが、私には、職人がいうこと、昔から伝統的に守られていることは、たとえいま科学的に理解できなくても「そこには何かがあるに違いない」と傾聴する習性がある。事実、私は『古代日本の超技術』、『古代世界の超技術』の執筆を通して、少なからずのことに、それを実感し、驚愕してもいるのである。

まず、常識的に、「月齢」の影響を物理的に理解しようと思えば、図4、5に示す引力の強さの差を持ち出す以外にない。地球のすべての生物ばかりでなく地殻のような無機物にも太陽、月がもたらす引力が大きな影響を与え得ることはすでに述べた通りである。しかし、〝引力〟については新月の時も満月の時も基本的に同じであり、差は生じない。つまり、新月伐採の木と満月伐採の木の〝違い〟を科学的に説明するのは無理である。少なくとも、私が慣れ親しんできた物理学だけで説明できるとは思えない。もちろん、哲学的あるいは文学的に説明することは可能であり、私もそのことに興味があるのだが、ここではそれらを除外する。

これから私は「新月伐採の木と満月伐採の木の〝違い〟」を科学的に解明していきたいと思っているのであるが、その際、強力な助けとなるのが、あらゆる生物のリズム（生体リズム）を考える「時間生物学」であろう。

たしかに、新月の日と満月の日の〝引力〟の強さは同じなのであるが、満月から徐々に月が欠けていく新月までの伐採期間と新月から徐々に月が満ちていく満月までの非伐採期間では、引力のほかに夜の月光の量が変化するわけで、生きものは、その月光の量の変化を敏感に感じ取り、行動に反映させることは考えられなくもない。このような、生きもの（具体的には虫やバクテリア）の行動（活動）が結果的に木の材質に影響を与えることがあるかもしれない。

これから「月齢伐採」の科学的解明にチャレンジしたいと思っている。

天然乾燥

天竜T.S.ドライシステム協同組合のもう一つの〝こだわり〟は天然乾燥である。

木が含んでいる水分は樹種、生育環境、季節によって異なるが、一般的に、杉や檜のような針葉樹の心材の含水率は四〇〜五〇%、細胞が活発に活動している辺材部分では一〇〇〜二〇〇%にもなる。

ところで「%」は「百分率」なので、その数値が「一〇〇」を超えるのはいささか奇妙であるが、木材の含水率は

$$含水率 = \frac{木材の乾燥前の重量 - 乾燥後の重量}{乾燥後の重量}$$

で求められるので、一〇〇%以上になっても不思議ではない。木は大量の水を地中から根を通して吸い上げているのである。

伐採したばかりの水を多量に含む材をそのまま製品化することはできない。乾燥の過程で寸法が変化し狂いが生じたり、カビや腐朽が発生したりする。そこで、木材は製品化さ

れる前に乾燥させ、含水率を二五％程度以下にする必要がある。

木材の乾燥方法は人工乾燥と天然乾燥に大別される。

人工乾燥材は「人乾材《じんかん》」あるいは「ＫＤ（Kiln Dry）材」と呼ばれ、一方の天然乾燥材は「天乾材《てんかん》」あるいは「ＡＤ（Air Dry）材」と呼ばれる。

現在、日本のほとんどの製材所で行なわれているのは人工乾燥であるが、その主な理由は、簡単にいえば、生産性（経済効率）と乾燥プロセスの制御性に優れていることである。

最も一般的に行なわれているすぐれた人工乾燥は「低温除湿乾燥」で、これは乾燥庫内に設置した温水コイルあるいは電熱コイルで庫内の温度を四五℃くらいにまで上げ、庫内の風向きを一定方向に循環させて木材を乾燥させるものである。このプロセス中、木材から水分が蒸発して庫内の湿度が最大一〇〇％までに達するので、加熱と同時に除湿が必要である。この方法で、目的とする含水率（一般的に二五％以下）にまで乾燥するのに通常一週間から一〇日くらいを要する。

人工乾燥にはこのほかに「高温式」や「高周波式」と呼ばれるものがある。前者は庫内温度を一〇〇～一三〇℃まで上昇させ、木の細胞を破裂させて強制的に水分を抜く方法で

写真3　伐採後の葉枯らし

あり、後者は電子レンジと同様の原理で乾燥させる方法である。これらは「低温除湿式」と比べ乾燥が迅速に行なわれるメリットがあるが、内部割れや変色などのデメリットがあるといわれている。また、木材を加熱した薬品に接触させ、熱伝導を利用して加熱する「薬品乾燥」という方法もある。これに用いる薬品としてさまざまな有機溶剤が試みられている。

天然乾燥は、文字通り、木材を天然（自然）に乾燥させるのであるが、当然のことながら、人工乾燥と比べれば一年半から二年という圧倒的に長い乾燥期間を要する。

天竜T.S.ドライシステム協同組合がこ

写真4　桟積みされた丸太

だわっているのは天然乾燥であるが、天然乾燥の第一歩は伐採後に枝葉をつけたままで山側に倒して三か月以上乾燥させる〝葉枯らし〟(写真3)である。この〝葉枯らし〟で乾燥が進み、重さが半分程度に軽くなることによって運搬コストを低減できることのほかに、この過程でカビや腐朽菌を寄せつけないフェノール成分が作られるという効果があり、カビや腐朽に強い、そして色、艶、香りがよい木材になる。

〝葉枯らし〟後、枝葉を落とし、一定の長さに切られた丸太は約半年間屋外に桟積《さんづ》み乾燥される(写真4)。その後、製材された角材、板材はさらに約半年間、屋外、屋内で自然乾燥され熟成され、目的とする含水率（一般的に二五％以下）にまで乾燥する。

もちろん、人工乾燥と天然乾燥にはそれぞれのメリットとデメリットがある。

人工乾燥のメリットは、何といっても、前述のように、乾燥期間の圧倒的短さにある。伐採から建造物になるまで、最短で一か月ほどの速さである。一方の天然乾燥のデメリットは、乾燥期間の圧倒的長さである。さらに、広大な資材置き場のことを考えれば、生産コストの点で、天乾材は人乾材とは勝負になりにくい。経済性が最重視され、施工にスピードが求められ、木材の需要も必要な時に必要なだけ、というスタイルの現代にあっては、日本のほとんどの製材所が人工乾燥を行なうのも当然といえよう。

しかし、人工乾燥は木材を強制的に、かつ個々の木材の個体差（個性）を無視して、画一的に、迅速に乾燥させることである。その結果、均一の含水率は得られるものの、それは個々の木材にとって〝自然な〟ものではない。

少々余談めくが、ここで私が思い浮かべるのは日本の画一的義務教育のことである。日本では生徒一人一人の個性や才能を考慮することなく画一的教育が行なわれている。

天然乾燥では、一本一本の木材がそれぞれ自然に自分のペースで水分を放出していく。

当然、人乾材と天乾材とを比べれば、天乾材の方がストレスが少ない。

私自身、何でも〝自然のまま〟がよいと思っている。しかし、〝自然のまま〟は時間がかかるので、現代では受入れられにくい。

ここで私は、法隆寺の西岡常一棟梁の言葉を思い出す。「飛鳥の当時は一本の木から鋸や製材機で板を挽くのやおまへんやろ。大きな木を割って板を作りますでしょ。これは木の性質をよく知ってな、うまくいきませんわな。今みたいに電動の工具で強引に板に仕上げてしまうというわけにはいきませんのや。じっくり乾燥させた木の性質を見極めて、これは板材にいい、これをこう割ればこんな性質の板がとれるということをようよう考えてありまっせ（傍点志村）」「これが室町あたりからだめになってきますな。まず、木の性質を生かしていない。だから腐りやすく、すぐに修理せないかんようになってきます。」（西岡常一『木のいのち木のこころ　天』草思社、一九九三年）

さまざまな用途を持つ材木としては人乾材と天乾材のどちらがよいか、一概にはいえない。木材の性質や用途や経済性を考慮してうまく使い分けるのが賢明であろう。

しかし、本書のテーマである「木を食べる」においては、伐採から乾燥まで、薬品乾燥による人乾材は論外であるが、人工的処理を施した人乾材よりも、きちんと〝素性〟が知れた天乾材の方が好ましいと思われる。

最近、私はさまざまな条件下での人工乾燥材と天然乾燥材を物理的、化学的見地から比較検討する研究に着手したところである。そして、「木材」という観点から、人工乾燥が天然乾燥に匹敵する、あるいは天然乾燥を超える可能性があるのであれば、その最適条件を見つけたいと思っている。また、人工光（レーザーやＬＥＤ）を用いた木材の表面加工の有用性についても研究したいと思っている。

おが屑とかんな屑

製材所で木材は切断、かんながけされて出荷されるのであるが、その際、大量のおが屑、かんな屑が出る。

おが屑は油や水の吸着・吸収、駅や居酒屋などでの嘔吐物処理、おが炭などの燃料、ペレット化して家畜やペットの敷物などに利用されており、市販もされている。しかし、かんな屑は微量の用途もないことはないが、製材所で焼却処分されるのが普通である。いずれにせよ、おが屑、かんな屑は〝産業廃棄物〟の一種とみなされることが多い。

いまの若い人たちは「鰹節《かつおぶし》」といえばパックに入った「削り節」しか知らないと思うが、私が小さい頃（昭和二〇～三〇年代）はまだカチカチになった枯節《かれぶし》を各家庭で鰹節削り器を使って削り節にするのが主流だった。鰹節削り器は大工道具のかんなが上向きに置かれた箱である。大工道具のかんなの場合は木材の上に置いたかんなを動かしてかんながけするが、鰹節削り器の場合は逆である。かんなの刃の上に枯節を押しつけて削る。かんな屑が削り節になる。枯節がある大きさ以下になってしまうと、指も一緒に削ってしまうことになるので、小さくなった枯節をしゃぶれるのが楽しみであった。

このような〝削り節〟の経験を持っていた私は、天竜の製材所でできたての香りのよい〝花かつお〟のようなかんな屑の山を見た瞬間、それらのなんともいえない芳香、また不潔感皆無どころかむしろ美しさを感じたことから「食べられるんじゃないか、これをゴミとして捨ててしまうのはもったいない。杉と檜のかんな屑はきれいに、真直ぐに裂けるので麺類にできないか」と思ったのである。

また、おが屑は私が好きな〝ふりかけ〟のように見えた。温かい御飯にかけて食べたらおいしいのではないか。

このことを榊原さんにいうと「いままで、おが屑、かんな屑を見て有効利用についていろいろなことをいった人はいるが、〝食べる〟という人は初めてだ」と驚かれた。後日、榊原さんは、半信半疑ながらも、もしも、おが屑やかんな屑が食糧になったならば天竜・水窪の「村おこし」になるし、林業の活性化にもつながると思った、と私に語った。

もちろん、私は闇雲に、あるいは冗談で「木を食べよう」といったのではない。私には「木は食べられないはずはない」という確信があったのだ。

私が大好きな木の一部がおが屑、かんな屑と屑呼ばわりされるのは忍びない。

この日（二〇一四年一〇月一〇日）から、私の新たな「道楽研究」、「道楽的チャレンジ」が始まったのである。

木の新しい機能

じつは、次章以下で述べるように「木を食べる」ということは簡単には実現しなかった。私は、せっかく、天竜の林業者との関係ができたのだから、「食べる」こととは別に、私が大好きな木のおが屑とかんな屑について、科学的にいろいろ調べてみることにした。おが屑とかんな屑に新たな用途を見出せれば嬉しいと思ったのである。多くの木の専門家、研究者がいるが、彼らの多くは「農学」系である。私は、「農学」とは異なる「物理学」「化学」の視点から木が持つ特性を科学的に調べてみることにした。

まず、おが屑やかんな屑の精油成分に注目し、食品の保存に何らかの効果があるのではないかと考えた。

杉や檜には独特の芳香があるが、これはこれらの木が有する揮発性の精油（エッセンシャル・オイル）によるものである。この精油の主成分はイソプレン（C_5H_8）を構成単位とする化合物でテルペン類と総称されている。檜の精油としてはヒノキチオールが有名であるが、じつは、このヒノキチオールは台湾檜、青森檜葉《ひば》には含まれているが、名前に反して日本産の檜には含まれていない。

杉や檜のさわやかな香りは昔から日本人にはなじみ深く、気持ちをゆったりとリラック

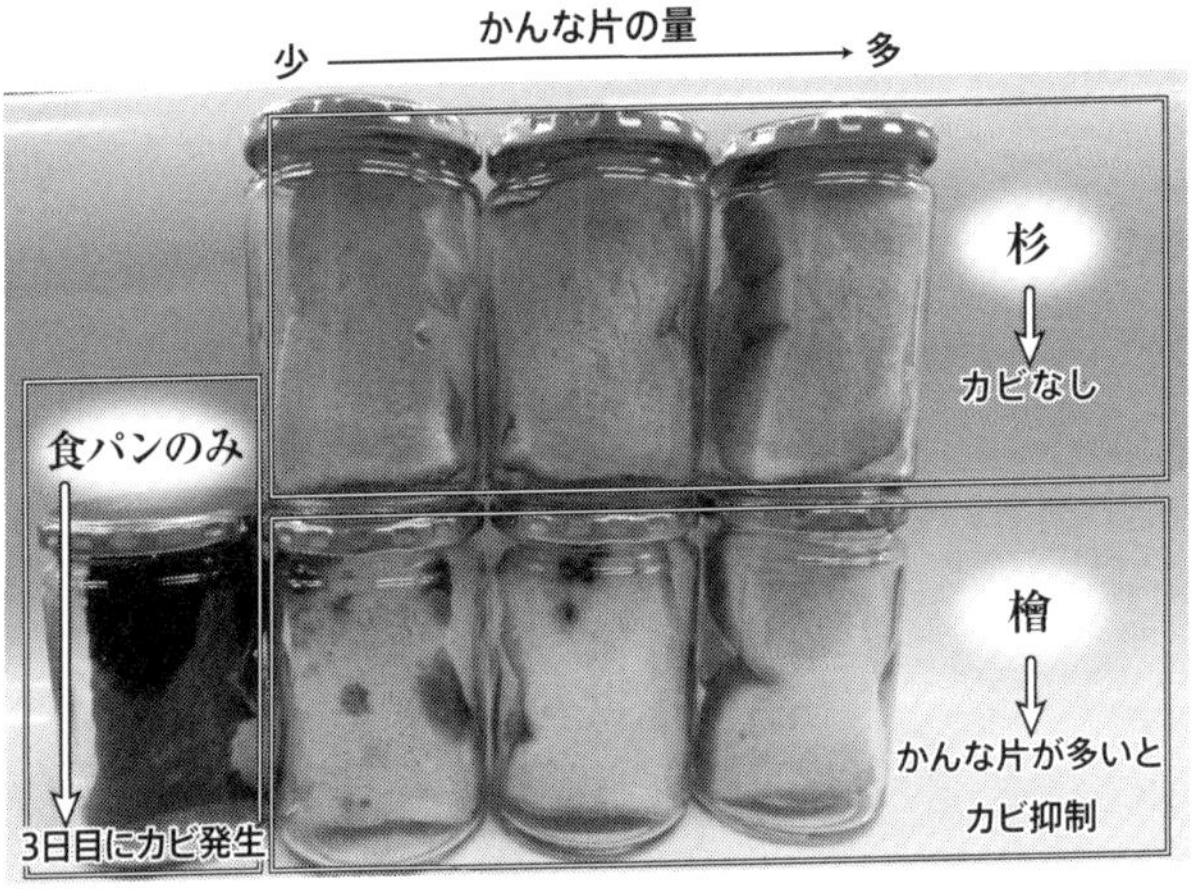

写真5　パンカビ実験（杉、檜かんな片の影響）

スさせ、リフレッシュしてくれるばかりでなく、防虫、抗菌効果があることが知られている。私は、この抗菌効果を身近なパンで調べてみることにした。

写真5に示すように、同じ一枚の食パンを半分に切り、それぞれガラス瓶の中に入れ、片方の瓶の中にはおよそ一〇グラムの杉のかんな片を入れた。かんな片を入れない瓶の中のパンには三日目に黒カビが発生したが、かんな片を入れた瓶の中のパンには四〇日を経た後でもカビは発生しなかった。

この実験は、市販、自家製の食パン、杉、檜のかんな片を用いて何度も行なったが、

写真6　パンカビ実験（天乾材と人乾材の影響）

結果に例外なく再現性が得られ「杉、檜の防カビ効果」は明らかである。

、しかし、カビの発生に大きな影響を与える一要素は湿気（湿度）である。

　したがって、上記の実験結果は、杉や檜の木片の単なる吸湿効果によるものであるという可能性もある。

　そこで、木片、精油成分、精油を含む蒸留水、蒸留水、乾燥剤のそれぞれの「カビ発生」に対する影響を調べる実験を行なった。その実験の結果、乾燥剤（吸湿）だけではカビ発生を防ぐことができず、カビ発生を抑制するのは木片が持つ吸湿効果と精油成分であることが明らかになった。また、

写真7　天竜・二股檜

杉と檜を比べた場合、杉の方がカビ発生抑制効果が大きいことがわかった。

同じ実験を天乾檜木片と人乾檜木片について行なった。天乾材と人乾材では、結果的に、それぞれが内含する精油成分に差があるはずであると考えたからである。

実験開始から二か月ほどは両者共にカビの発生が見られず、檜の「防カビ効果」が認められたが、その後、写真6に示すように、人乾檜木片を入れた瓶の中のパンにのみ黒カビが発生した。この結果は、人乾プロセスによって、天乾材に比べ人乾材の中の「防カビ効果」がある精油成分が少なくなっているためではないかと思われる。いま、天乾材、人乾材の精油を抽出し、それらの定性的、定量的比較実験を開始したところである。いずれ、天乾材と人乾材の違いを科学的見地から示せると思う。

前述のように、現時点で、私は科学的根拠が不可解ではあるが、新月伐採材と満月伐採材で「防カビ効果」に違いがあるかどうかを調べてみることにした。この実験のために、天竜T.S.ドライシステム協同組合からこの上ない最高の試料が提供された。それは写真7に示すように、二股に成長した檜で、一方を新月時に、他方を満月時に伐採した。この二股檜から得た木片を用いて上記と同様の実験をした結果が写真8である。いずれの食パ

叉木・檜・新月伐採　　叉木・檜・満月伐採

写真8　パンカビ実験（新月材と満月材の影響）

ンにも約二か月間はカビが発生しなかったが、満月伐採材を入れた瓶の中の食パンには黒カビが発生した。

いま、私にこれらの違いを科学的に説明することはできない。今後、再現性を確かめると共に、新月伐採材、満月伐採材の精油を抽出し、それらの定性的、定量的比較したい。また、時間生物学の観点からも検討してみたい。

余談だが、私の幼少時（昭和三〇年前後）、バナナは高級品であり、庶民には特別の時以外、なかなか食べることができなかった。私が子どもの頃、よく歌った「いろはにコンペイトウ、コンペイトウは甘い、甘いはお砂糖、お砂糖は白い、白いはウサギ……」という戯れ歌で「……バナナは高い、高いは十二階……」というように、バナナは「(値段が)高いもの」の代表として登場したくらいである。ちなみに「十二階」というのは大正一二(一九二三)年の関東大震災まで浅草にあった、当時の最高層ビル・凌雲閣《りょううんかく》の俗称である。

最近、バナナは「安いもの」になってしまった。一〇本くらい束になった房でも数百円ではないか。昔の「バナナの栄光」を知っている私は、スーパーマーケットで売られているバナナを見るたびに切なくなるのである。うす汚い茶色に変色してしまったバナナを見ると、私の切なさは倍加する。

こんなことから、私はふと、おが屑、かんな屑はバナナの変色防止保存に貢献できるのではないかと閃いたのである。これは主として私の情緒的閃きであり、確固たる科学的根拠があったわけではないが、早速、実験してみた。

同じ房から切りとった三本のバナナを、そのまま外、プラスチック容器の中、杉のおが屑を満たしたプラスチック容器の中に一週間放置した。私の期待通り、杉のおが屑を入れた容器に入れたバナナの変色は少なかった。しかし、この実験の再現性についてはイマイチで、パンカビ実験結果と異なり、現時点では一〇〇％確かとはいい難い。今後、実験を繰り返すつもりである。

このバナナ実験がテレビ朝日の「モーニングバード」で紹介されたため、現在、いくつかの果物出荷組合の方から協同実験を申し込まれている。

いずれにせよ、いままでおが屑、かんな屑と屑扱いされてきた〝産業廃棄物〟には秘めたる機能があることは明らかであろう。

私はこれから、「食べる」こと以外にも、木の秘めたる機能の発掘に努めたいと思っている。

木のリラックス効果

私は木自体が好きなので、林や森の中を散策するのも好きである。昔から「森林浴」という言葉がある。森林浴とまではいかなくても、室内に観葉植物を置いておくだけでも精神的な癒しが得られると思う。私の室内にもいくつかの観葉植物を置いている。緑という

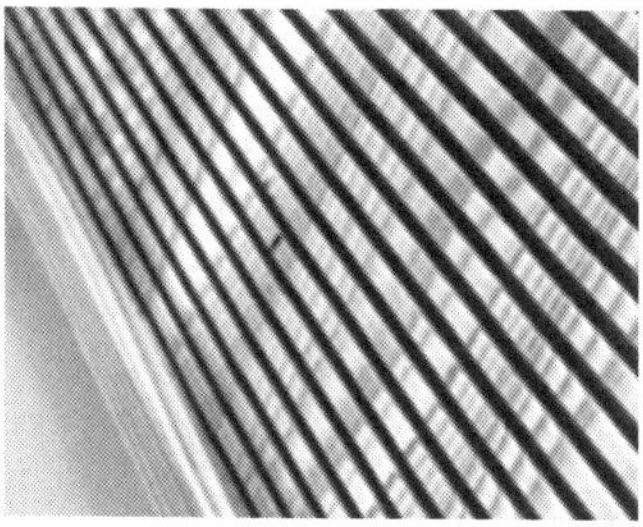

写真9 (a)　スリット杉材

写真9 (b)　スリット杉材を使ったリラックスボックス

葉の色自体にも癒し効果があるのではないかと思う。

森林浴効果は科学的なものよりも精神的なものの方が大きいといわれてきたが、最近では「アロマテラピー」と関連づけ、科学的にも検証されているようである。

アロマテラピーというのは、精油（エッセンシャルオイル）の芳香を用いて病気の予防や治療、心身の健康やリラックス、ストレス解消などを目的とする療法である。

私は日常的に、ヒバ材から採取した天然ヒノキチオール水を室内において、檜の匂いを漂わせているので、アロマテラピーの意味はよくわかる。

最近、私は、写真9（a）に示す天然乾燥杉のスリット材を用いたリラックスボックス（写真9（b））を作ってもらい、室内に置いて、仕事に疲れた時に使わせてもらっている。杉の香りが漂いとても気持ちがよい。同時にクラシック音楽を聴けばリラックス効果が一層高まるのを実感する。

写真（a）に示すようなスリット構造では、根から吸収した水分や養分を上部に送る仮導管（広葉樹の導管）が切断され表面に露出することによって、精油成分が発散されやすくなる。また、平坦な板材に比べ、単純計算で表面積が一・七倍になる。杉の香りは杉が持つ揮発性の精油（エッセンシャルオイル）が放つものであるから、スリット構造にすることによって、精油成分の発散量は飛躍的に増加する。このことは、リラックス効果のほかにも前述の食品保管の場合にも有効である。また、精油成分の発散は、木目がきれいな面よりも〝節（ふし）〟の部分の方が大きい。木材として、一般的に〝節〟は嫌われるのであるが、上記の効果を期待するスリット材としては〝節〟材の方が適している。つまり、廃材あるいは〝嫌われ材〟の有効利用になるので、ありがたい話である。

また、スリットの表面積が単純計算で平坦な板材の一・七倍になるということは、木材自体が持つ吸湿効果、保温効果、空気中の有害物質の吸収効果の増大を意味し、室内壁材や食品保管容器材などに用途が拡がるだろう。

さらに、最近、森林浴効果の科学的根拠の一つとして考えられているのが、超高周波数音のリラックス効果である。森林環境には葉擦れ、流水、小動物などが発する人間の耳には聞こえない二〇キロヘルツ以上の超高周波数音が溢れており、このような音が後頭葉および側頭葉において脳波のα帯の周波数パワーを増加させることがリラックス効果をもたらすというのである。そして、近年「森林医学」という分野の研究が進みつつある。（落合俊也「ヒトの健康寿命を延ばす1／fの共生デザイン」『住宅建築』二〇一五年八月号）

木の寿命と引き際の美学

天竜の人里離れた標高八八三メートルの春埜山《はるのさん》の山頂近くに養老二（七一八）年に行基菩薩によって開かれたと伝えられる曹洞宗大光寺がある。古くは麓から延々と山道を歩いて登ったのだろうが、いまは自動車道が整備されている。といっても、市街地の舗装道路のようにはいかず、細いくねくね道で、対向車とすれ違うのに苦労するような所がいくつもある。

境内の最高部にある駐車場に車を置いて、杉木立の中の細い道を少し下るとこじんまりした大光寺の本堂があり、その前の急傾斜の石段を十数段下がった所に開山の行基菩薩に植えられたと伝えられる巨大な「春埜杉」が立っている。高札形の案内版には「推定樹齢一三〇〇年、樹高四三メートル、目通り幹囲一四メートル（写真10）、枝張り三一メートル」と書かれている。

写真10　春埜杉

周囲の杉もそれなりにかなり立派なのであるが、「春埜杉」の存在感は圧倒的であり、長い年月を超えて生き続けている姿は神々しく、無言の凄みがある。まさに、御神木が発するオーラである。私は、この「春埜杉」を何度か訪れているのであるが、たとえ真夏であっても、私に「凛若霜晨（凛《りん》たること霜晨《そうしん》の若《ごと》し）」という言葉を思い浮かばせるのである。そして、私は、田村隆一の詩の一節

木は黙っているから好きだ
木は歩いたり走ったりしないから好きだ
木は愛とか正義とかわめかないから好きだ

を思わず口ずさんでしまう。

木は地上、圧倒的に最大最長寿の生きものである。

一般に、木には樹齢と耐用年数の二つの命がある。木材は上手に使えば樹齢と同年の耐用が可能といわれている。たとえば、法隆寺の創建時、主要部材として使われた檜の樹齢は二〇〇〇年以上だそうだから、法隆寺はこれからさらに七〇〇年くらいは大丈夫であろう。

木の耐久性は、他の物質の耐久性と比べ圧倒的である。

木はどうしてそれほどの耐久性を持っているのだろうか。

木も他の動植物と同じように、生物の最小単位である細胞から成り立っている。その細胞の物理的あるいは機械的強さについては次章冒頭で述べる通りであるが、木の耐久性のもう一つの秘密は、その化学的耐久性、具体的にはその〝死に方〟に隠されている。

木が成長して大きく、太くなるのは細胞が増えたり、細胞が大きくなるからであるが、その細胞は樹皮の内側にある形成層で造られる。〝木材〟になる木部の細胞が新たに細胞を生み出すことはないのだが、しばらくの間は〝生きて〟おり、少しずつ大きくなる。そして、成長が止まると、細胞は〝死の準備〟を始めるのである。この〝死の準備〟は〝あとのこと〟を考えた、じつに周到なもので、きわめて感動的である。

細胞の成長が止まると、内側から細胞の原料であるブドウ糖の〝ペイント〟を数層塗るような作業がされ、細胞壁の厚さが数倍になる。そして、細胞間の空隙にはリグニンという物質が充填されてくる。これらの過程は〝木質化〟と呼ばれるのであるが、この木質化によって細胞壁、木部の機械的強度が著しく増すことになる。

この木質化は、細胞内の細胞質の消失を伴うので〝細胞の死〟を意味する。この〝細胞の死〟によって、樹幹、結果的に木材が数百年、数千年以上もの間、風雪に耐える強度がもたらされるのである。

木の細胞は、さらに驚くべき〝心材化〟という仕事を完了してから完全な死を迎えることになる。

形成層で造られた細胞の大部分は木質化によって半年ほどで死んでしまうが、栄養分を蓄える役目をする柔細胞は、その後しばらくの間、生き残る。柔細胞の寿命は樹種によって異なるが、一般的にはおよそ一〇年ほどである。つまり、この間、柔細胞は生命活動を続けることになる。

一般に、木の断面（木口面）を見ると、樹皮に近い白っぽい部分と内側の赤っぽい部分があることに気づくが、前者を辺材、後者を心材と呼ぶ。辺材とは、木部の中で、前述の柔細胞が生命活動を続けている所である。つまり、樹幹は死んだ部分の心材を増やしながら成長していくことになる。

辺材の生きている柔細胞の中には、当然のことながら、栄養分であるデンプン、糖、脂肪が含まれるわけだが、〝死〟の直前、これらからフェノールやフラボノールといった防腐・防虫・防菌剤としてはたらく化学物質を合成・抽出し、それらを細胞の内側に塗るようなことをするのである。木部の色が赤っぽくなるのは、このためである。さらに、水分と栄養分を通すパイプ、つまり〝生命線〟として重要な役割を担っている導管（仮導管）を柔細胞が封鎖してしまう。この段階で、細胞の生命が完全に絶たれることになるが、この結果、木は水分や栄養分を求める昆虫や鳥などの攻撃から守られ、また乾燥することによって耐腐食性、つまり化学的強度が高められることになる。

木は、このような〝心材化〟と呼ばれるプロセスを経て、機械的にも化学的にもきわめて強く、耐久性に優れたものになるのである。

私は、木の深慮遠謀の〝引き際〟の立派さに感服せざるを得ないのである。

第2章

木は食べられる

木の細胞

木も他の生物と同じように生物体の最小単位としての細胞から成りたっている。細胞は本来、生物が生育している間、細胞壁に囲まれた内腔中に原形質（核と細胞質）などの内容物を持っているものである。しかし、木を構成する細胞の大部分は、表皮のすぐ内側の形成層で形成された後、比較的短い期間で〝死んで〟内容物を失い、細胞壁だけを残して内部は空腔になる。このことが、木が〝軽くて強い〟理由になっている。

このように木の細胞壁のほとんどの部分は空腔であるが、その周囲の細胞壁は図6に模式的に示すように、化学的な三成分によって形成されている。

原料はすべて、葉の光合成によって生成された炭水化物（炭素・水素・酸素から成る化合物）である。

細胞壁の骨格はセルロースによって作られる。セルロースはブドウ糖（$C_6H_{12}O_6$）が直鎖状につながった高分子多糖の長い繊維である。この長い繊維は多数がからみ合って束にな

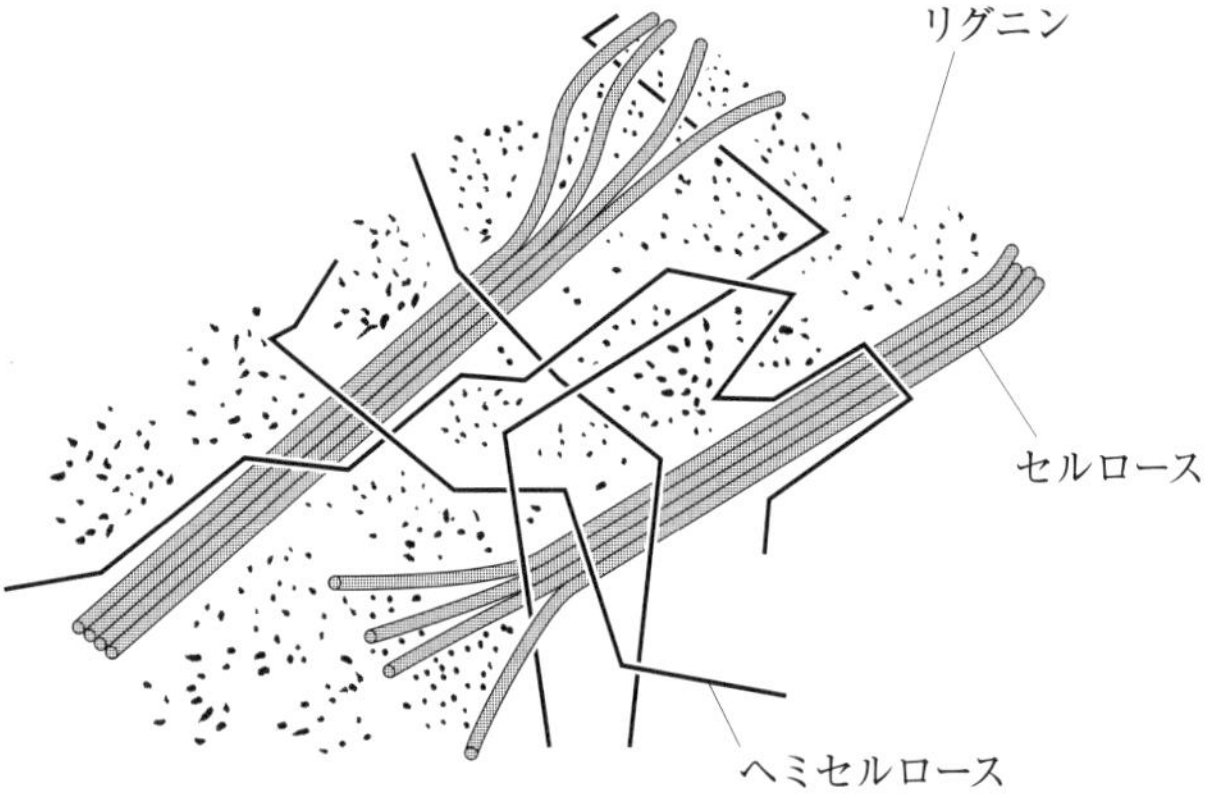

図6　細胞壁を形成する成分

る。この繊維の束はきわめて強いものになり、これが木の強さとしなやかさを生む源である。

このようなセルロースの束と束の間に入り込むのがリグニンというプラスチックのような物質だ。セルロースだけだと細胞壁はすき間だらけで、外から水や微生物が入り込んで腐りやすくなってしまうが、それを防いでいるのがリグニンである。じつは、このリグニンが木と草の性質の違いに深く関係している。たとえば、木綿や麻には、このリグニンがほとんど含まれていない。

また一般に、植物は表面に傷ができた時、この傷口をリグニンで〝木化〟し、病原菌などが侵入するのを防ぐ機能を持っている。ちょうど、動物の傷口にかさぶたができるようなものだ。じつは、このリグニンは木材から紙を作る時に大量に出て、製紙工場から廃棄されている。このリグニンをうまく分解できれば、抗菌剤などの貴重な植物資源として利用できるのであるが、残念ながら、いまのところうまい方法が開発されていないようである。

じつは、リグニンの原料もブトウ糖なのだが、リグニン自体は糖の仲間ではなく高分子重合体で、セルロースとは性質が大きく異なっている。それは、水と油にたとえられるほどだ。つまり、セルロースの束と束の間にリグニンが入り込むと書いたのだが、じつは〝入り込む〟だけで、リグニンはセルロースの束同士をつなぎ合わせる仕事はできない。なにせ、水と油の関係だから仕方ない。

このようなセルロースとリグニンの〝仲人〟をするのがヘミセルロースである。

ヘミセルロースは数種類の異なる単糖によって構成されている繊維状の高分子物質である。しかし、セルロースと異なり、ヘミセルロース自体は互いにまとまって束を作るほどにはなじまない。つまり、バラバラに存在する。このため、ヘミセルロースは擬繊維素と呼ばれることもある。

人間社会でも、〝身内〟同士はあまり仲がよくなくても〝他人〟との折り合いはうまくいくという人物はいるものである。ヘミセルロースはちょうどそのような物質で、セルロースともリグニンとも相性がいいのである。このようなヘミセルロースによって、骨格材料のセルロースと充填材のリグニンが固く結びつけられ、強固な細胞壁が作られるのである。

細胞壁を鉄筋コンクリート製の壁にたとえるならば、鉄筋がセルロース、コンクリートがリグニン、ギザギザの針金がヘミセルロースに相当する。

つまり、木の細胞壁と鉄筋コンクリートの構造はそっくりなのであるが、両者の耐久性には雲泥の差がある。これは、木の細胞の三成分がいずれも炭素と水素と酸素から成る炭化水素という同種の物質で構成されているのに対し、鉄筋コンクリートは鉄、セメント（石灰石）、砂利、水という異種の物質で構成されているためである。特に、耐久性の点で鉄と石灰石と水の組み合わせがよくない。樹齢が数百年から数千年のさまざまな木が元気に立ち続けていることからも明らかなように、細胞が生きているか死んでいるかは別にして、細胞壁の〝構造材〟としての耐久性は数百年から数千年に及ぶ。

一方、鉄筋コンクリートの耐久性はどうか。日本では、一九五九年建造の長崎鼻灯台が〝長寿〟として話題になるくらいだから、通常はせいぜい五〇年、どう頑張っても一〇〇年が限界ではないか。

細胞壁の構造

細胞壁の主要化学成分であるセルロース、ヘミセルロース、リグニンの構成比はおよそ五対三対二である。

木が強いのはセルロースの束の間にリグニンが入り込んでいることによるが、じつは、その強さの根源はセルロースの構造自体にもある。細胞壁の骨格であるセルロースをときほぐすと、太さがおよそ三ナノメートル（$3nm=3\times10^{-9}m$）、長さが数マイクロメートル（$\mu m=10^{-6}m$）（つまり太さに対して長さが一〇〇〇倍ほど）の結晶質のミクロフィブリル（〝小さな繊維〟の意味）と呼ばれる小繊維にわかれる。これは、すべての植物の基本的骨格成分として非常に重要なものである。

ミクロフィブリルは、細胞壁が構築される時、細胞壁の外側から内側へと堆積していくが、その並び方には一定の規則性がある。最初に構築される外側の壁は網状のミクロフィブリルからなる薄い層である。普通の植物の細胞壁は、この薄い層だけでできている。ところが木部細胞は、この後さらに三層から成る壁を形成するのである。そこで、最初の細胞壁を一次壁、次に形成される細胞壁を二次壁と呼ぶことにする

図7に模式的に示すように、この二次壁は外層、中層、内層の三層から成るが、ミクロフィブリルの配向の仕方が異なるのである。そして、一次壁、二次壁の各層は前述のようにリグニンとヘミセルロースで強固に接着されている。

さらにつけ加えれば、細胞壁の骨格を形成するセルロース（ミクロフィブリル）は親水性であるが、充填材のリグニンは疎水性なので、細胞壁は水漏れのない丈夫な構造物に仕上げられている。

じつは、図7に示すような構造は、現在の最先端の〝軽くて強い〞複合材料の基本構造とまったく同じである。そのデザインの基本は、図8に示すように、あらゆる方向の応力に耐える、ということである。このような多層複合材料は、最近では繊維強化プラスチッ

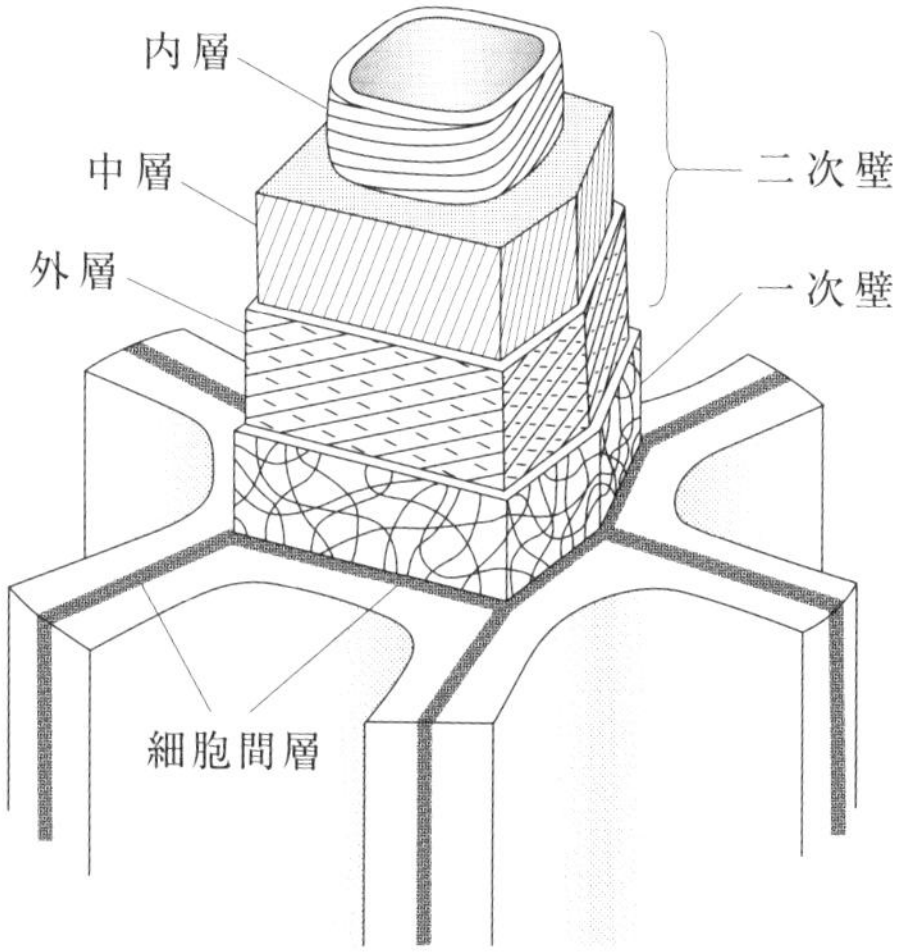

図7　細胞壁の微細構造モデル

(日本木材加工技術協会関西支部編『木材の基礎科学』海青社、1992より)

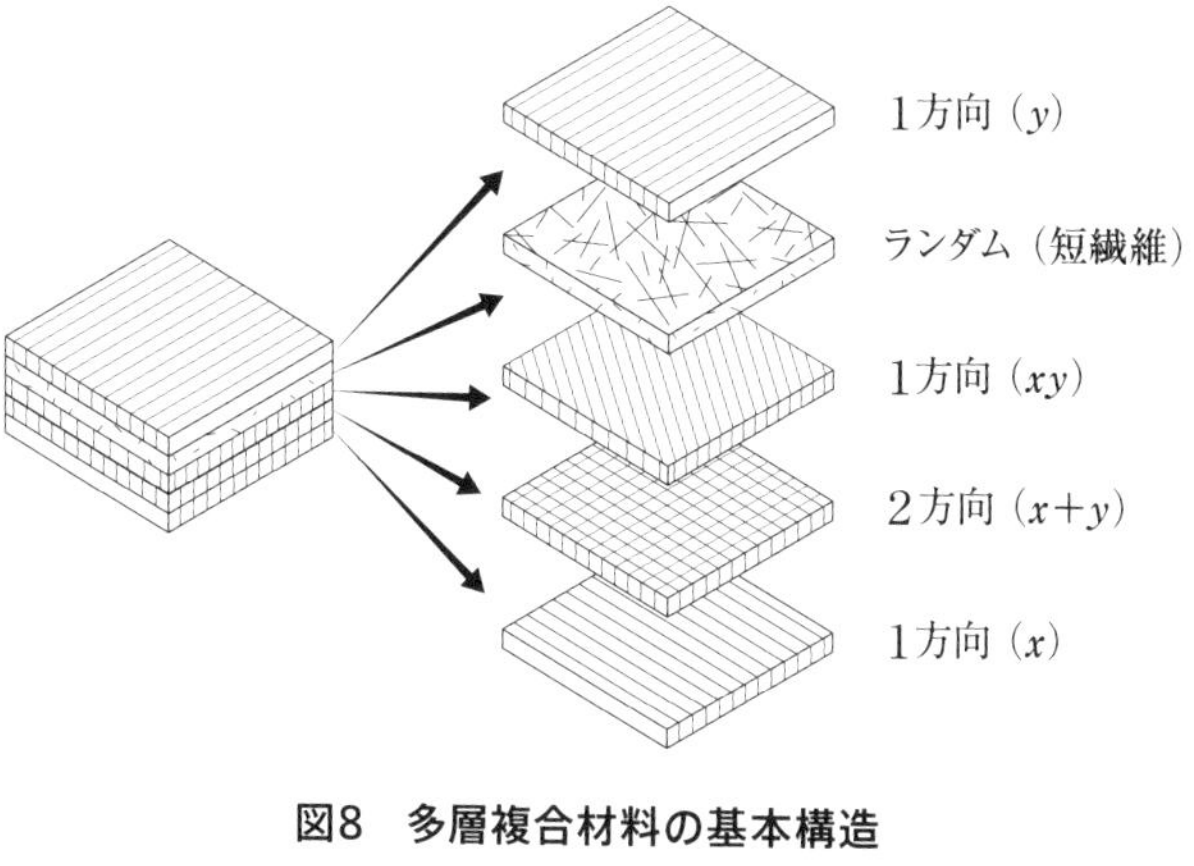

図8　多層複合材料の基本構造

クやカーボン繊維としてスペースシャトル、航空機、自動車のボディ、釣り竿、ゴルフクラブのシャフトなどに広く使われている。

木はミクロ的、マクロ的にまことに巧妙な、幾重もの多層、複合構造を持っているのであり、それはとても人智が及ぶところのものではないように思われる。このことは、私が木を尊敬する理由の一つでもある。

木の構造を知ったいま、われわれは、木が数百年、数千年にわたって風雪に耐え、直立不動で文字通り〝一本立ち〟できていることに合点がいくのではないだろうか。

木の原料と形成過程

木材の主要成分が炭水化物（炭素・水素・酸素から成る化合物）であることはすでに述べた。

これから「木を食べる」前に、木という〝物質〟がなにから、どのように作られるのかを述べておきたい。「木を食べる」ということが、それほど奇怪なことではないことが理解されるはずである。しかし、木が自分の〝からだ〟を形成していく過程はわれわれ人間を含む動物とはちょっと異なる。

動物は食物を口から摂取して成長し、身体を形成していくので、木も同様に、動物の口に相当する（?）根から土中の水分、養分を吸収してからだを形成していくと思っている人が少なくないらしい。

ところが、木が根から吸収するのは水と〝肥料の三要素〟である窒素（N）、リン（P）、カリ（K）などの無機物だけである。ところが、木材の主要成分であるセルロース、ヘミセルロース、リグニンはすべて炭素（C）を含んだ有機化合物（炭水化物）である。つまり、木は根から土中の水分、養分を吸収するだけでは自分のからだを形成することはできない。

光合成についてはすでに述べたが、ここでもう一度復習しておきたい。

植物は、無機的環境（空気）から二酸化炭素（CO_2）と水（H_2O）を取り込み、太陽光エネルギー（具体的には光量子のエネルギー）を使って、有機物、具体的にはブドウ糖（グルコース：$C_6H_{12}O_6$）と酸素（O_2）を生産する。これが有名な〝光合成〟と呼ばれるものであ

る。この光合成は植物の葉の中の葉緑素（クロロフィル）が行なうのだが、それを簡略した化学式で表わせば、

$$CO_2 + H_2O + \text{太陽光エネルギー（光量子）} \rightarrow \frac{1}{6}(C_6H_{12}O_6) + O_2$$

となる。

植物がになう重要な仕事は、無機物から有機物を合成することであるが、それは同時に、物理的な太陽エネルギーを化学エネルギーに変換することである。

動物は、植物が作り出す有機物、化学エネルギーを摂取し、成長・増殖、さらに生活行動に必要な物質・エネルギーを得て生きている。このこと一つを考えてみても、われわれ動物は、植物に対する感謝の気持ちを忘れてはならないのである。

木自身は自らの光合成によって作り出されたブドウ糖を樹体内部の隅々に送り、それを原料にして細胞壁を作っている。つまり、植物は自分のからだの材料を自分で作ることができる〝独立栄養生物〟だが、われわれ動物は、植物が作ってくれた有機物を消費するだけの〝従属栄養生物〟である。動物は植物が存在しなければ生命を維持できない。結局、植物（厳密には〝緑色植物〟）の葉の中の葉緑素が行なう光合成がすべての生命を支えている

ことになる。

ところで、植物が根から水と一緒に吸い上げられた〝肥料の三要素〟である窒素（N）、リン（P）、カリ（K）などの無機物は何に使われるのか。

これらの無機物は細胞壁の材料にはならないが、細胞の生命活動を維持するために必要不可欠のものである。

木は食べられるか

多種類の糖の中で、それ以上加水分解されないグルコース（ブドウ糖）やフルクトース（果糖）のような最小単位の糖を単糖と呼び、複数の単糖が脱水結合したものを多糖と呼ぶ。

木を形成する物質のおよそ八割はセルロース、ヘミセルロースと呼ばれる多糖類でできている。セルロースはグルコースが直線状に結合したもので、ヘミセルロースを構成する最も代表的なものはキシランである。これらの多糖類はヒトが持つ消化酵素で分解されないので、ヒトが食べても消化されることはない。口から摂取した食物は、体内で消化、吸収されてはじめて有効に活用されるので、消化、吸収されないものは積極的な意味では役に立たない。したがって、人間がヒトの体内で消化、吸収されない木を積極的に食べることはなかった。

しかし、「木は食べられるか」といえば「食べられる」。食べても役に立たないから、一般的には食べないのである。実際、たくさん食べると下痢を起こすだろうが、適度の量であれば、以下に述べる食物繊維として機能することが期待されるのである。

元静岡県医師会会長の鈴木勝彦医師は医学的見地から「木を食することは医学的には問題ない」といっている。以下、すでに述べたことと重複する部分があるが、確認のために、医学者の言葉を記しておきたい。

木の主要成分はセルロース、ヘミセルロース、リグニンであり、木は炭素が五〇%、水素が六%、酸素が四四%で構成されている。

セルロースはブドウ糖からできている。私たちが食べているデンプンもブドウ糖が多数結合してできているが、セルロースとの違いはデンプンはブドウ糖が螺旋状に結合しているがセルロースは線状に結合しているという点である。同じ成分でありながらセルロースはヒトが消化できないが、それはヒトはセルラーゼという分解酵素を持っていないためである。ただし少量なら(パウダー状にして)食物繊維として機能し、まったく害はない。また、ヘミセルロースはセルロースに似ているがブドウ糖などの単糖類が一〇〇～三〇〇しか結合していないものである。リグニンは一種のフェノール類でセルロースに比べ複雑な構造をしており細胞どうしを固める接着剤のようなものである。いずれにしても人体には問題ない成分である。

〝食物繊維〟はヒトの消化酵素により消化されない食物に含まれている難消化性成分の総称である。その多くは植物性、藻類性、菌類性食物の細胞壁を構成する成分で、化学的には炭水化物のうち多糖類であることが多い。

ヒトの消化管は自力ではデンプンやグリコーゲン以外の多くの多糖類を消化できないが、大腸内の腸内細菌が嫌気発酵することにより、一部が酪酸やプロピオン酸のような短鎖脂肪酸に返還されてエネルギー源として吸収される。食物繊維の大半はセルロースであり、ヒトのセルロース利用能力は意外に高く、粉末にしたセルロースであれば腸内細菌を介してほぼ一〇〇%分解利用されるともいわれている。デンプンは一グラム当り約四キロカロリーのエネルギーを生産するが、食物繊維は腸内細菌による発酵分解によってエネルギーを産生し、その値は一定ではないが、有効エネルギーは一グラム当り〇〜二キロカロリーであると考えられている。また、食物繊維の望ましい摂取量は、一日当り成人男性で一九グラム以上、成人女性では一七グラム以上である。食物繊維は、大腸内で腸内細菌によりヒトが吸収できる分解物に転換されることから、食後長時間を経てから体内にエネルギーとして吸収される特徴を持ち、エネルギー吸収の平準化に寄与している。食物繊維の効用は、脂肪異常症予防、便秘予防、肥満予防、糖尿病予防、脂質代謝を調整して動脈硬化の予防、大腸がんの予防、その他腸内細菌によるビタミンB群の合成、食品中の毒性物質の排除促進などが確認されている。

以上のように、杉、檜を食することは医学的に見て問題はない。今後これらの木のパウダーが開発され、食の一部になることが期待される。一方で研究を重ね少量の木のパウダーを食していればヒトの体内に杉、檜に対する抗体が作られ、アレルギー性鼻炎や結膜炎いわゆる花粉症の予防になるのではないかとも考えられる。

木を食べてみた

天竜・水窪の製材所で、できたてのおが屑、かんな屑の山を見た瞬間、それらのなんともいえない芳香、また不潔感皆無どころかむしろ美しさを感じたことから「食べられるんじゃないか」と思った私はそれらを自宅に持ち帰り、早速、おが屑に醤油をまぶして温かい御飯に振りかけて食べてみた。しかし、残念ながら、食感、味ともに、とても「食べられる」というものではなかった。また、杉と檜のかんな屑を木目に沿って細く裂いて茹で、蕎麦つゆに浸けて食べようとしたが、固くてとても「食べられる」ものではなかった。

私はおが屑とかんな屑を「食べられる」と思い、実際に食べてみたのであるが、そのままではとても食べられるものではなく、〝食糧〟とするにはそれなりの加工が必要だと思ったが、私はおが屑の方に可能性を感じたのである。おが屑を細粉（パウダー）化すれば、そのまま一〇〇％では無理にしても、小麦粉などに混ぜることによって食べられるのではないか。一〇％でも混ぜて食べられれば十分だ。
ここから私の挑戦と挫折が始まることになる。

コラム❷

木の葉はなぜ緑色か

私は樹木が好きで、特に、春が過ぎ、初夏が訪れる頃の新緑には身も心もすがすがしい気持ちにさせられる。どんなに暑い夏の日でも「緑陰《りょくいん》」という言葉を聞いただけで、なんとなく涼しげに思えるのは私だけではないだろう。数年前の夏、私はアメリカ・オレゴン州の森の中で一週間のんびりと過ごしたが、文字通り、身も心もリフレッシュされたのである。〝田舎暮し〟の私が、たまに都会に出るとひどく疲労感を覚えるのは都会の喧噪《けんそう》のせいばかりではなく、都会には〝緑〟が少ないためでもあろうと思う。

われわれが、草や樹木の緑色に目や心が癒され、安堵感を覚えるのは事実であろう。たとえば、庭の草木や山の樹木が赤色やピンクだったらどうだろうか。空や海の自然環境の基調色が現実のように青や緑でなく、赤やピンクやオレンジだったらどうだろうか。

少なくとも私は、〝自然浴〟をしたり、自然の中を歩き回ったりする気を起こさないだろう。天井、床、壁の六面がピンクやオレンジ色に塗られた部屋の中に入れられた場合のことを想像してみるとよい。拙宅は木々や茶畑の緑に囲まれた中にあるが、数年前に突如、外壁がオレンジ色に塗られた二階屋が近くに現われた時、私はそれだけでもゾッとした。私はあわてて、その家を視界から遮るために、庭の端に山茶花の生け垣を作った。建築業者は、ぜひとも、建築物の外壁の色に頓着していただきたいものである。もちろん、内装についてはピンクでもオレンジでも住人の趣味に任せてもよいが。

葉の成長の全期間を通して紅色を呈するベゴニア、アカジソ、ケイトウなどもあるが、これらのほとんどは正常な緑色種からの変種であり例外的な存在である。基本的に、植物の葉の色は緑色なのである。私は、そのことを「じつにありがたい」といつも自然に感謝している。

ところで、葉の色はなぜ緑色なのだろうか。よく考えてみると、私にはそれが不思議で仕方ないのである。大半の人は「植物の葉が緑色なのは、葉が含む葉緑素のせいである」と答えるであろう。それは、少なくとも学校の試験用の答としては「正解」かも知れない。

しかし、事実は、葉の中には緑色の物質が多く含まれており、その緑色の物質を〝葉緑素〟と呼んだのであり、葉が緑色なのは葉緑素があるからではない。葉の緑色の素になっている物質を葉緑素と呼んだのである。このようなことを書くと、禅問答のように思われるかもしれない。だが、私が不思議に思う真意は、〝葉緑素〟という名称はさておき、地球上のすべての生命を支える植物の光合成を行なう物質の色がなぜ緑色なのかということなのである。

私がなぜ葉の緑色にこだわるのかを理解していただくためには、まず、われわれに物や色が見えるメカニズムを知っていただかなくてはならない。

われわれの周囲にはさまざまな波長の電磁波が飛び交っている。〝光〟は電磁波の一種である。人に〝見える〟電磁波（〝可視光〟と呼ばれる）の波長範囲はきわめて狭い。可視光の色は波長が短い方から紫、藍、青、緑、黄、橙、赤などと呼ばれている。太陽光をプリズムで分光すると〝虹の七色〟が現われることから、太陽光は〝虹の七色〟が合わさった光（白色光と呼ばれる）であることがわかる。本当は、虹の色は七色ではなく無限といってもよいのだが、ここでは単純に七色ということにしておく。

まず、われわれに物体が〝見える〟メカニズムを考えてみよう。物体に光（電磁波）が照射されると、その一部は物体に吸収され、一部は透過し、一部は反射する。物体から反射された電磁波のうち可視光だけが、われわれの網膜の視神経を刺激し、その刺激を大脳が認知することで物体が〝見える〟ということになるのである。

次は〝色〟について考えてみよう。

色というものは光のエネルギーが目に入り、大脳にその刺激が伝えられた時に生じる〝感覚〟である。光のエネルギーの大きさは波長に反比例するが、それぞれのエネルギーが紫、藍、青、緑、黄、橙、赤といったそれぞれの色の感覚を大脳に生じさせるのである。

われわれの周囲にある物体はすべて、それぞれの色を持っている。それは、その物体が、その色の可視光を反射あるいは透過しているからである。たとえば、赤く見えるチューリップの花には〝大脳に赤いという感覚を生じさせるエネルギーを持つ光〟

を反射あるいは透過し、〝大脳に他の色の感覚を生じさせるエネルギーを持つ光〟は吸収するという性質を持つ物質が含まれているのである。

だいぶ「まえおき」が長くなってしまったが、植物の葉が緑色なのは、葉が緑色の光を反射あるいは透過し、他の色の光を吸収しているということなのである。これは〝葉緑素〟の特性による。

つまり、葉緑素は緑色の光を〝不要〟とし、波長が長い赤系の光と波長が短い青系の光を利用して光合成を行なっていることになる。

植物（葉緑素）は環境から炭酸ガスと水を取り込み、太陽からの光エネルギーを使ってブドウ糖と酸素を生産（光合成）するのだから、どのような光を使うかということは重要なことである。常識的に考えれば〝強い〟光の方がよい。

じつは、地球に届く太陽光の強さ（光度）と波長（色）との関係を見ると、緑色あたりに光の強さのピークがある。この〝光の強さ（光度）〟と〝光のエネルギーの大きさ〟とは別物なのでちょっと紛らわしいのであるが、その話は割愛する。ここでは〝光の強さ（光度）〟を〝光の量〟と考えていただければよい。

植物（葉緑素）は〝量〟の点で最も豊富な緑色の光を「要らない」といっているのである。これは、考えてみれば不思議なことだ。

また、太陽光をエネルギー源として使うためには、それなりの〝受光装置〟が必要である。最強の緑色光を利用するのであれば、〝受光装置〟は一つで済むはずである。ところが、葉緑素は長波長側と短波長側の二種類の光を使っているので、受光波長領域が異なる二つの〝受光装置〟が必要になる。もちろん、全波長領域をカバーできる一つでもよいが、やはり、それぞれの波長領域に適した専用〝受光装置〟の方が効率的であろう。

このような、葉緑素の太陽光の利用の仕方は人間の工学的センスである「効率」から考えればけっして自慢できるものではなさそうに思える。しかし、現実の植物の光合成の仕組みは数十億年のシンカの結果であるから、葉緑素はあえて最高光度の色光を〝捨てている〟のにはそれなりの深遠な理由があるに違いない。

葉緑素は光合成の際、エネルギーの小さな赤色系の光とエネルギーの大きな青色系の光を二段階に分けて使っているのである。エネルギーの大きさのことだけを考えれば、波長が短い青色系の光や紫外線を使えばよいのだが、エネルギーが大きな光だけを使うと求める生成物（ブドウ糖）が得られなかったり、細胞に好ましくない影響を与えてしまうのだろう。そのために、植物はあえて、エネルギーの小さな赤色系の光を使うのだろう。青色系の光は私にはわからない絶妙な特別の用途に使っているに違いない。

いずれにせよ、〝強さ〟の点では一番有利な、そしてエネルギーの点では中間に位置する緑色系の光を捨て、エネルギーが大きい青色と小さい赤色の二系統の光を使うことが光合成、ひいては植物の成長にとって最も効率がよいということは間違いない。それが植物の絶妙なる智慧というものである。

一般に、木の若葉は〝新緑〟と呼ばれる明るい緑色で、それが成長するにしたがって濃い緑色に変化していく。ところが、じつに興味深いことに、赤い若葉を持ち、それが成長するにしたがって緑色に変化していく木もある。バラ科の常緑樹であるカナメモチもその一つである。私が暮らしている所では、ちょうど八十八夜の頃、新茶の美しい新緑を背景にカナメモチの紅色の美しい若葉がとてもよく映える。

これは、まだ葉緑素の生成が十分でない若葉の中で、茎から転流してきた糖から赤系の色素であるアントシアン（これが後述する〝紅葉〟のもとである）が作られるためで、伸びだしてきたばかりの若葉をエネルギーが大きな紫外線から保護する役割を果たしているといわれる。そして、葉の成熟とともに、アントシアンは分解消失して、葉が緑化していくのである。

　われわれの目や心を癒してくれる広葉樹の緑色の葉は秋になると紅葉あるいは黄葉し、われわれの目を楽しませてくれ、晩秋から冬にかけて落葉し、ひとシーズンの命を終える。そして、木々は春を待つのである。

　葉の色が赤くなるのは、前述のように葉の中にアントシアンという色素が形成されるからである。また、イチョウの葉が黄色になるのは、カロチノイドという色素のためである。このような紅葉・黄葉の現象については誰でも知っているのであるが、じつは、そのような現象がなぜ起こるのかについては、いまでもよくわかっていないらしい。

　秋になると気温が下がるために葉のはたらきが衰え、葉の中にできた糖類が茎や根に送られるのが妨げられることに関係しているのだろう。そして、日照時間の短縮が引き金となって落葉するのである。いずれにせよ、紅葉・黄葉、そして落葉は自分自身を守るための周到な智慧に基づく越冬機構であることは確かだ。

私の木々に対する畏敬の念は強まるばかりである。

第3章

木を食べる

「料理研究家」へのアプローチ

第1章で述べたように、天竜の製材所でできたての香ばしいかんな屑とおが屑を見た瞬間「おいしそうだ、食べられるのではないか、これをゴミとして捨ててしまうのはもったいない」と直感した。

実際、私はそれらを自宅に持ち帰り、早速、おが屑に醤油をまぶして温かい御飯に振りかけて食べてみた。しかし、残念ながら、食感、味ともに、とても「食べられる」というものではなかった。また、杉と檜のかんな屑を木目に沿って細く裂いて茹で、蕎麦つゆに浸けて食べようとしたが、固くてとても「食べられる」ものではなかった。

残念ながら、おが屑とかんな屑は可食「食物繊維」ではあるが、そのままではとても食べられるものではなく、〝食糧〟とするにはそれなりの加工が必要である。しかし、これらを細粉（パウダー）化できれば、そのまま一〇〇％では無理にしても、小麦粉などに混ぜることによって食べられるのではないか、ダイエット食品を作ることができるのではないかと思った。一〇%でも混ぜて食べられれば十分である。私は、とりあえずかんな屑の方は諦め、おが屑の方にパウダー化の可能性を感じたのである。

私の自慢、財産の一つは、さまざまな分野の知人、友人なのであるが、残念ながら、料理分野の直接の知己はいなかった。そこで、人脈を通して、テレビなどでも活躍している「料理研究家」や某有名料理学校の講師ら数人にアプローチした。

もちろん、私や紹介者の「顔」を立ててくれたのか、一定の興味を示してくれ(それも多分、「NO」といいにくい日本人特有の社交だったのだろうと思う)、無下に断る人はいなかったが「木を食べる話」に乗ってきてくれる人は誰もいなかった。はっきりいえば、私は私が接した「料理研究家」、「料理学校の講師」の誰からも相手にされなかったのである。

私は長年の研究者生活を送ったから、これからやろうとすることが前人未到のものであればあるほど、その過程が苦しいものであることを知っている。また、私が尊敬する物理学者である寺田寅彦(一八七八―一九三五)が「従来誰もあまり問題にしなかったような問題をつかまえ、あるいは従来行なわれなかった毛色の変った研究方法を遂行しようとするものは、大抵誰からも相手にされないか、蔭であるいはまともに馬鹿にされるか、あるいは正面の壇上から叱られるにきまっている。」といっていることも知っている（『一流の研究者に求められる資質』牧野出版）。

しかし、私には「木を食べる」ということが〝前人未到〟のことにも、それほど〝毛色の変ったこと〟にも思えないのである。

私自身、いままで、自分の専門が何なのかわからないくらいにいろいろなことに興味を持って研究、道楽を続けているのであるが（「木」は最近の道楽研究の対象の一つである）、私がアプローチした「料理研究家」、「料理学校の講師」と自認（多分）する人たちが、誰一人「木を食べる話」に乗ってきてくれなかったのははなはだ意外なことだった。私は勝手に、自認にせよ「料理研究家」、「料理学校の講師」という人たちは「木を食べる話」に大いなる興味を持ち、積極的に協力してくれるものだと思っていた。そして、「それは、それほど難しいことではありませんよ」とでもすぐにいわれると思っていた。いずれにせよ、「料理学校の講師」はともかく、どんな分野であれ「研究家」は〝未踏のこと〟に興味を持つ人だと私は思っていた。正直にいえば、「研究家」と「研究者」には微妙なニュアンスの違いを感じるが、少なくとも「研究者」はそういうものである。いずれにしても「料理研究家」というのであれば、「木を食べる」話に興味を持ってくれてもよさそうなものだと私は思った。

灯台下暗し

私が天竜・水窪の製材所を訪れ「木を食べる」ことを発想したのは二〇一三年一〇月のことであるが、上述のような事情で、「料理研究家」の協力を得られなかった私は、しばらく「食べる」ことを忘れなければならなかった。

このあと、私が卒研生らと行なったのは第1章で述べた「木の新しい機能の発見」につながる実験である。私は、せっかく、天竜の林業者との関係ができたのだから、「食べる」こととは別に、私が大好きな木のおが屑とかんな屑について、「農学」とは異なる「物理学」「化学」の視点からいろいろ調べ、おが屑とかんな屑に新たな用途を見出せれば嬉しいと思ったのである。

突然、天竜の榊原さんから「木を食べる」吉報が届いたのは二〇一四年九月末のことだった。

榊原さんは、私の所に小麦粉とおが粉（おが屑）を半々に混ぜた粉から作ったタコ焼き大のドーナツを持ってきてくれたのである。私はすぐに試食したが、ほのかに木の香がしておいしい！　十分に食べられる！　天竜・水窪で雑穀料理の農家レストラン「つぶ食・いしもと」を営む石本静子さんが作ってくれたのだという。

じつは、先年、私は「つぶ食・いしもと」へ榊原さんに連れていってもらい「雑穀料理コース」を食したことがあった。それまで私は知らなかったのであるが、石本さんは「知る人ぞ知る」の「雑穀料理研究家」であり、「つぶ食・いしもと」も築一〇〇年という自宅で二〇〇三年六月にオープンした「知る人ぞ知る」の雑穀料理店だったのである。

ちなみに〝雑穀〟とは米、麦、トウモロコシなどメジャーな穀物に対して、アワ、ヒエ、キビなどマイナーな穀物の総称である。これらの雑穀は乾燥地、寒冷地、山間などの〝やせた土地〟でもよく成育し、病害虫に対して抵抗力が強いために農薬を必要としない。また繊維やミネラルが豊富なことから、近年、一般にも〝健康食〟としても知られている。石本さんが〝つぶ食〟と呼ぶのは、それらの雑穀を粉にしないで粒のまま使うことが多いからだそうである。

石本さんは自分の畑で無農薬で育てたヒエやアワ、野菜や山菜などを使った伝統食やそれらをアレンジした創作料理を提供しているのであるが、江戸時代から家に伝わる春夏秋冬の献立表を解読中で「江戸時代の雑穀料理を完璧に再現したい」と意気込む、ほんとうの料理研究家であり、研究者でもある。今年七二歳になるという石本さんの肌は五歳年下の私がうらやむほどつやつやし張りがある。また髪もふさふさである。これは長年の〝健康食〟、〝健康的生活〟の賜であろう。

榊原さんが、「木を食べる」話で、このような石本さんに目をつけたのはまさに慧眼《けいがん》であった。榊原さんから「木を食べる」話を持ち込まれた時、石本さんは「おが粉を食べるということには戸惑いもあったが、昔から雑穀を粉にして食べる習慣があったので、それほどの抵抗はなかった」ということで、すぐに試作にチャレンジしてくれたのである。その試作第一号が、先に述べたタコ焼き大のものを揚げたドーナツだった。それがどのように作られたかは後述するが、私はおが粉を一割くらい入れられれば十分と思っていたので、「小麦粉とおが粉が半々」ということ、そしてそれが十分に食べられるものであったことに驚き、大いなる希望が持てたのである。この時から「木を食べる」話は、石本さん、榊原さん、そして私の〝三人四脚〟で急速に進み、二か月足らずで現実化することになった。その詳細については第4章で述べる。

石本さんは「木を食べる」に協力していただける最高の、理想的な料理研究家だった。まさに「灯台下暗し」とはこのことである。

すでにあった「木を食べる」話

私たちの「木を食べる」話は、私が天竜の製材所でできたての香ばしいかんな屑とおが屑を見た瞬間「おいしそうだ、食べられるのではないか、これをゴミとして捨ててしまうのはもったいない」と直感したことから始まったのではあるが、じつは、「木を食べる」ということ自体は新奇なことでも奇怪なことでもなかった。

私は小さい頃からニッキ（肉桂）が好きである。ニッキの樹皮を丸めて棒状にしたものをよくしゃぶっていた。ニッキはニッキ飴や京都の菓子「八つ橋」に使われており、いずれも私の好物である。ニッキはカレーやソースにも欠かせない香辛料である。ところで、最近、ニッキという言葉はあまり聞かなくなり、ほとんどシナモンといわれるが、厳密には、両者は同じクスノキ科に属するものの植物種としては別物らしい。シナモンは紀元前四〇〇〇年頃からエジプトでミイラの防腐剤として使われていたことが知られている。ミカン科の落葉高木であるキハダ（黄檗《おうばく》、黄膚《きはだ》、黄柏《おうばく》）の樹皮内側のコルク質と外樹皮を取り除いて乾燥させたものが昔から知られている健胃整腸の効果があるといわれる生薬の黄柏である。

また、秋田県鳥海、矢島地域の伝統的郷土菓子として知られる松皮餅はアカマツの薄皮を軟らかくなるまで煮てつぶし、練り込んだ餅で餡を包んだものである。江戸時代後期の大凶作の時に飢えをしのぐために考案されたとか、矢島藩主の生駒氏が兵糧攻めに遭った時に考案されたとかいういい伝えがある。冷え性に対する効能もあるそうで、近年注目されてもいるという。私自身、まだ、この松皮餅を食べたことがないのであるが、秋田県鳥海町にある「道の駅」で一パック（三個入り）三〇〇円で売られているそうである。

じつは、私たちは日常生活の中で気づかぬうちに木を食べているのだ。

木の「まな板」や「すりこぎ」は少しずつ削られ、少量ではあるが無意識的に木の粉を食べているのである。それにより医学的に問題があるとする話は聞いたことがない。すなわち食しても問題ないのである。

また、われわれ日本人は昔から「タラノメ」、「アブラナ」、「ウド」などを春先の食材として好んで食べている。これらはいずれも〝木〟である。

テンプラや和え物などとして食べるタラノメはウコギ科の落葉低木タラノキの新芽である。口いっぱいにひろがる独特の香を特徴とする春の到来を告げる山菜である。じつは、恥ずかしい話であるが、私はつい最近までタラノメをツクシのように土から出てくるものだと思っていた。近所の人の庭で、生まれて初めてタラノメを教えられて驚いた。タラノメがまさかタラノキという木の新芽だとは！　たしかに「タラの芽」だった。

マルコ・ポーロの『東方見聞録』のスマトラ島のファンスール王国を訪ねた時の「見聞録」に「この地方にはとてもたけの高い一種の喬木《きょうぼく》があって、その幹の中に麦粉がぎっしりと詰まっているのである。この木の木質部は指三本幅の厚さをした樹皮から成り、それ以外はすべて木髄で、この木髄がすなわち麦粉なのである。しかもこの樹はいずれも大の男が二人してでなければかかえられないほどの大木である。木髄部をなすこの粉は、まず水を張った桶に入れて、棒でかきまわされる。すると屑や芥は水面に浮かび、粉は桶の底に沈澱する。次いで水を放出すると、桶の底にきれいな粉だけが残る。この粉を用いて調味料を加え、菓子そのほか我々が麦粉で作る各種の食品を作成しているのであるが、その味はとても美味である。（中略）このパンはどちらかといえば大麦のパンに似た味をしていた。」（マルコ・ポーロ、愛宕松男訳注『完訳　東方見聞録2』平凡社）と書かれている。ここに書かれている〝麦粉〟は食用デンプンのサゴ（沙穀）、〝喬木〟はサゴヤシと思われる。〝サゴヤシ〟はサゴが採れるヤシ科やソテツ科の植物の総称で東南アジア諸島やオセアニア諸島の低湿地に自生する。

つまり、マルコ・ポーロが〝東方〟を〝見聞〟していた一三世紀末、スマトラではサゴヤシから採ったサゴがさまざまな食品に加工されて食されていたのであるが、現在でも、東南アジア、南インド、パプアニューギニアあたりでサゴを主食とする人は少なくないそうである。

また、南米ブラジルのアマゾン川流域が原産のタヒボの木は、樹高三〇メートル、幹の直径が一・五メートルに達するノウゼンカズラ科タベブイア属の巨木であるが、この木の靭皮部を煎じたものが古くから健康保持のために利用されてきた、ビタミンやミネラルをはじめとする様々な有用成分が含まれており、ブラジルでは民間薬として用いられるほかタヒボ茶として飲まれている。

このように、歴史的にみて、「木を食べる」のは決して奇怪なことではなかった。われわれ日本人は昔から筍（竹の子）を食べている。私はいつも近所の農家から掘りたての筍をもらって食べるのであるが、とてもおいしい。ラーメンにメンマ（シナチク）は欠かせない。メンマは中国産の麻竹《まちく》の筍を細かく刻んで発酵させた食品である。もちろん、竹は木と異なるが、よく考えてみれば、「竹を食べる」というのもスゴイ話である。

いま述べた「木・竹を食べる」話はいずれも皮、新芽（子）、粉であり、成長した木（竹）そのものではないのであるが、私は試みにインターネットで「Edible Wood（食べられる木）」を検索してみて驚いた。まさに成長した木そのものを食べることを紹介するWebページがたくさんあった。

中でも、私が最も驚かされたのは〝Edible Wood – A Modern Delicacy with a Rustic Flair（食べられる木――素朴な発想による現代の珍味）〟である。アルゼンチンのレストランのメニューの中のれっきとした一品で、おいしそうな写真つきで紹介されている。それは高さ一五メートルにも達するヤカラチアという木の幹の部分がシロップ、蜂蜜漬けにされたものである。

おが屑からスーパーウッドパウダーまで

いま述べたように、歴史的にみて、「木を食べる」こと自体は決して奇怪なことではなかった。

私たちの〝仕事〟の鍵は〝木〟をパウダー状にして、さまざまな食品の原料にすることであった。小麦粉状のパウダーにできれば、基本的に、小麦粉、そば粉あるいは米粉などさまざまな〝粉〟と混合した食品に応用できる。結果的に、おが屑を精製し、そのような状態にしたパウダーを〝スーパーウッドパウダー（ＳＷＰ）〟と命名することになるのであ

写真11　SWP原料のおが屑

るが、この時、大きな威力を発揮したのが、石本静子さんの雑穀〝つぶ食〟の経験だった。

スーパーウッドパウダーの原点は写真11に示す〝おが屑〟である。繰り返しになるが、安心して食べるために、原料となる〝おが屑〟は天然乾燥された材のものである。

この〝おが屑〟を写真12に示すように荒い目の篩《ふるい》にかけた後、ミキサーで砕き、さらに数種の篩を通し、標準的な粒度としては細目そば粉の篩（七寸八〇目、〇・三八ミリメートルメッシュ）を通した細かさにしている。この粉を、写真13に示すように用途に応じて数度煮沸し、滅菌、灰汁《あく》だしを

写真12　篩工程

写真13　煮沸工程

写真14　水切り、ろ過工程

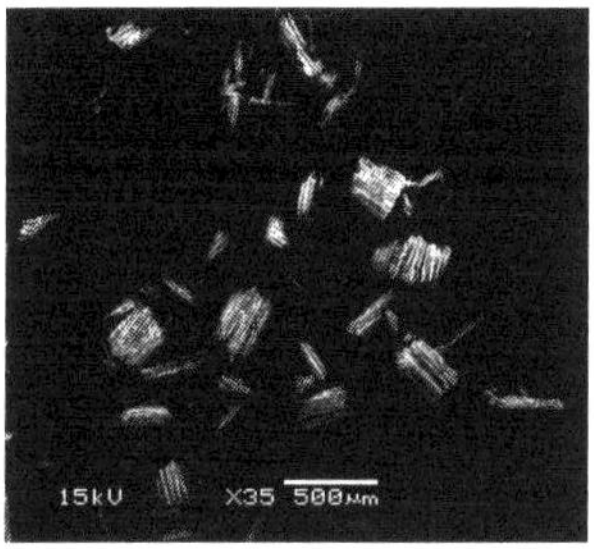

写真15 (a)
SWPの電子顕微鏡写真（低倍率）

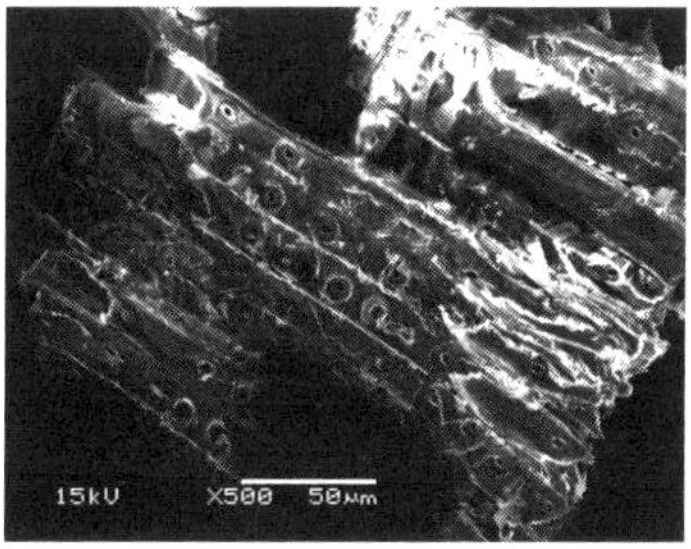

写真15 (b)
SWPの電子顕微鏡写真（高倍率）

行なう。そして、煮沸後、写真14に示すように、水切りし、濾紙の上に残ったものを自然乾燥させてスーパーウッドパウダー完成品となる。写真15（a）はスーパーウッドパウダーを走査型電子顕微鏡（SEM）で低倍率観察したものである。繊維質の束が、一辺が〇・二ミリメートルほどの〝粒〟や太さ約〇・〇五ミリメートル、長さ約〇・四ミリメートルほどの〝針〟になっていることがわかる。一つの〝粒〟を高倍率で観察したものが写真15（b）である。〝食物繊維〟の実態が明瞭に見られる。円形の穴がいくつか見られるが、これらは水分や養分を通すための細胞壁の孔（有縁壁孔）である。杉や檜のような針葉樹の中の水分や養分の主な通路は、パイプ状の仮導管で、この仮導管は径が〇・〇一～〇・五ミリメートル、長さが一～六ミリメートルの両端が閉じた細長い袋状の細胞が連なった形をしている。そして、その細胞壁には有縁壁孔と呼ばれる孔がある。水分や養分は、これらの仮導管と有縁壁孔で形成される網目を通って流れることになる。

スーパーウッドパウダー（ＳＷＰ）の粒度や煮沸の回数は用途に応じて決めればよい。具体的な用途については次章で詳述するが、基本的には粗、中、細の三段階の粒度のＳＷＰを用意するのがよいだろう。たとえば

粗粒‥ドッグフードなど

中粒‥ソーセージ、ハンバーグなど

細粒‥パン、ドーナツ、うどん、パスタ、各種菓子、香辛料など

という分類である。

このようなスーパーウッドパウダーが次章で述べる「食糧革命」をもたらすのではないかと大いに期待されるのである。

マスコミ報道

私が「木を食べる」話を初めて公表したのは、二〇一四年一一月二三日に東京で行なわれた「ＮＰＯ法人森びと設立一〇周年記念講演会」の講演の中でであった。この直後の一一月二五日には浜松で行なわれた「地域創成フォーラム」でも「木を食べる」話をした。この後、二〇一四年一一月二六日の「中日新聞」（静岡県内版）の「スギや檜のおがくず　食用パウダーに加工」という記事にはじまり「静岡新聞」、「朝日新聞」（静岡県内版）が複数回にわたって「木を食べる」話を紹介してくれた。また、新聞ばかりではなく、テレビ朝日、あさひテレビ（静岡）、静岡放送テレビ、だいいちテレビ（静岡）、読売テレビ（関西）など、テレビの報道番組にも何度か取りあげていただいた。

以下、「朝日新聞」の記事（二〇一五年一月一二日）を書いていただいた高田誠記者から許可をいただけたので、それを転載させていただく。

どんな味？　木の粉「食料に」
静岡理工科大・志村教授ら　スギなど原料 パン・ケーキ試作

スギやヒノキのおが粉を食料パウダーにする方法を考案したとして、静岡理工科大学（袋井市）の志村史夫教授らが特許を出願した。試作したパンなどは木の香りが口の中に広がり、ダイエット効果もありそうだ。林業振興にも一役買いたいという。

丸太を製材するとおが粉が大量に出る。これをふるいにかけてさらに細かくして煮沸し、パウダー状にする。名付けて「スーパーウッドパウダー」。小麦粉などに混ぜて食品として用いる。志村教授は「食べてもまったく問題ない」と話す。

浜松市天竜区水窪町の「つぶ食　いしもと」が志村教授から依頼され、パンのほか、ケーキやビスケット、ドーナツ、ハンバーグ、ソーセージなどを試作した。

木の成分は主に繊維質のセルロース。ひとの体では消化できないため栄養にならず、ダイエット効果のほか、便秘によい整腸効果が期待できる。木の香りがあって殺菌効果もある。花粉症にも効くのではないかと志村教授は期待する。

志村教授は天竜区の製材所を訪れた際、おが粉やカンナの削りくずの山を見て「うまそう」と思い、食料にできると直感。しょうゆをかけて口に運んだがさすがに飲み込めず、細かくパウダー状にすれば食べられるのではないかと考えたという。「おが粉を使った食品はチーズとともにワインのつまみにもよく合います」

「いしもと」の店長の石本静子さんは「林業家に生まれ、木が育つ様子を見て育ったので食料にすることに違和感はなかった。見た目が雑穀に似ていたので雑穀と同じ方法で加工できると思った」と言う。

志村教授は「山に放置された間伐材や捨てるしかなかった木くずが食料になれば林業振興につながる」と期待する。パウダーを商品化する準備も始めているという。

（高田誠）

また、本章のまとめとして、「静岡新聞」情報版「びぶれ」（二〇一五年二月一二日）掲載の「研究室にようこそ」シリーズのインタビュー記事を以下に転載する。

静岡理工科大学の志村教授は、スギやヒノキの「おがくず」を食べる研究で現在、特許を申請中だ。半導体の研究者である志村教授が、樹木の研究を始めたワケとは。

――先生は「木を食べる研究」をしているそうですが…

志村　はい。スギやヒノキを加工するときに出る「おがくず」を細かく粉砕して、食べられる「スーパーウッドパウダー」を作っています。樹木の主な成分はセルロース、要するに食物繊維だから別に食べたって変じゃないでしょ。今は水窪にある雑穀料理店の「つぶ食・いしもと」の石本静子さんと一緒にいろいろなメニューを開発しているところ。パンやビスケット、ソーセージ……どれも三分の一が木材でできている食品です。

――おいしいんですか？

志村　違和感はないです。パンは口に入れると、木の香りがするかな。食べるとリフレッシュした気分になれる。今まで食べてくれた人のおよそ七割は「便秘に効いた」

と言っているし、食物繊維だからダイエット食品として活用できそう。今は花粉症に効くかどうかを調べているところです。

――なんで木を食べようと思ったんですか。

志村　二年前に水窪の製材所を見学させてもらった時、大量のおがくずが目に留まった。製材所にしてみればただのゴミだけど、よく見るときれいだし、香りもいい。直感で「これ、食えるんじゃないか」と思いました。ほら、この粉を見て。ふりかけみたいでしょ？

――先生の専門は「半導体の研究」だそうですが。

志村　そう。ずっとハイテクの世界にいて、ITが発達する様を目の当たりにしてきた。だからこそ、古代人の建築技術とか、自然や生き物のパワーに驚きを感じるのです。一つのことを真剣にやり続けると、別な世界が見えてきますよ。今は日本の林業も衰退しちゃって、山林がお荷物みたいになっているでしょ。樹木の研究を通じて、地元の林業を活性化したいと思っています。

『記・紀』の木

日本の文化・文明を象徴的に集約するのが「木の文化・木の文明」である。降水量に恵まれた温帯モンスーン地域に位置する日本列島は古代より長い間、豊かな森林におおわれていた。およそ三〇〇〇年前の縄文時代晩期には日本列島全域に森林が分布していた。近年、人工密集、工業地域で森林は姿を消し、日本の森林地帯が狭められている憂いはあるものの、日本列島全体を眺めれば、森林地域は決して少なくない。時代に応じて森の種類は変化したが、日本人は木の文化・木の文明の中で連綿と生きてきている。

有史以来、森林におおわれた日本列島で生活してきたわれわれ日本人の祖先は、当然のことながら樹木についてかなりの知識を持ち、材料として利用し、また精神生活の中で木に親しんできた。古代の日本人の日常生活や精神生活を文字を使って最も鮮明に伝えてくれているのは『古事記』『日本書紀』（『記・紀』）と『万葉集』であろう。『記・紀』の中に記載されている樹木の種類は五三種、二七科四〇属に及ぶそうである（大野俊一「日本林学会誌」第16巻第4号）。

また、『万葉集』では〝山〟がたくさん詠まれているが、〝万葉の世界〟を代表する山といえば、春日山である。春日山は平城京の東に連なる山で、聖なる山と考えられていた。

古来、信仰の対象になっていた春日山一帯は、平安時代の初頭に禁伐令が出されていたこともあり、今日までほぼ原始の状態を保ってこられたようである。推定樹齢一〇〇〇年以上の「公園大杉」、樹齢二〇〇〜四〇〇年、直径一メートル以上の杉などの巨木がうっそうと生い茂る春日山原始林には約八〇〇〜一〇〇〇種以上の植物が混生しているといわれる。

日本の神話の中で、スサノオノミコトが八岐大蛇《やまたのおろち》を退治したのは誰でも知っている有名な話である。

この八岐大蛇には、その名のとおり、頭と尾がそれぞれ八つずつあることはよく知られているのであるが、その背中に木々が生い茂っていることはあまり知られていない。『古事記』に登場する八岐大蛇の背中には「日陰の蔓《かずら》、檜、杉」が、『日本書紀』に登場する八岐大蛇の背中には「松、柏」が生い茂っているのである。『古事記』と『日本書紀』でどうして樹種が異なっているのか、私にはその理由がわからないが、いずれにせよ、八岐大蛇は背中に檜と杉、あるいは松と柏の木を背負って歩いていたというのだから大変な蛇である。

日本の神話に登場する大蛇の背中に木が生えていること、そして、その木が、日本列島に繁茂する膨大な種類の木の中から檜と杉、あるいは松と柏であることはきわめて興味深いことである。

ギリシャ神話の中に、英雄ペルセウスがゴルゴーンという怪蛇からエチオピアの王女アンドロメダを救う話があるが、そのゴルゴーンの頭髪はことごとく蛇で、歯は猪の牙のよう、手は青銅、黄金の翼をもって飛行したといい、日本の八岐大蛇とは様相が大いに異なる。やはり、木を背負う八岐大蛇は木の文化・木の文明の日本の神話らしい怪蛇である。

スサノオノミコトは木を背負う怪蛇・八岐大蛇を退治した後、日本の将来を思い、日本国土に杉、檜、樟（楠）、槙を植林している。スサノオノミコトの子のイタケルノミコト、その妹のオオヤツヒメノミコト、ツマヒメノミコトも、父にならってよく木の種を捲いた。こうして、日本の森林が形成されたのである。

スサノオノミコトは日本の木を生んでくれたばかりではない。杉と樟（楠）は舟材に、檜は宮殿造営用に、槙は棺材に、というようにそれらの用途まで教えてくれているのである。

古代日本人は、このスサノオノミコトの教えを忠実に守った。遺跡や古墳などからの出土品や現存する寺社の建物が、それを証明している。

まさに、スサノオノミコトは木の文化・木の文明の国、日本の〝父〟というべきであろう。

第4章

食糧革命

果てしなく拡がるスーパーウッドパウダー食品

いまあらためて考えてみると、私たちが日常的に接している食品の中で〝粉〟を原料とする食品あるいはカツやテンプラのように〝粉〟も用いる食品が無数にあることに気づく。そば、うどん、パスタ、パン、ケーキ、クッキー、ドーナツなどなどである。たしかに、歴史的にみても、穀物の〝粉〟は人類の加工食品の原点だった。

おが屑を精製しスーパーウッドパウダー（写真14、15）にすれば、どのような〝粉〟食品にも使える。前章で触れたアカマツの薄皮を軟らかくなるまで煮てつぶし練り込んだ餅で餡を包んだ松皮餅と同じようにスーパーウッドパウダーを餅の中に入れた〝杉餅〟や〝檜餅〟もおいしそうだ。また、たとえばソーセージやハンバーグの肉に混ぜて食べることもできる。現時点で試作、試食済みのスーパーウッドパウダー食品の例を写真16に示す。

スーパーウッドパウダーの配合割合は用途、目的に応じて変えればよいが、写真16に示す食品の中でうどんは一〇％（体積比）、他は三〇％配合まで違和感なく食べられている。

写真16　スーパーウッドパウダー健康食品

麺類は〝麺〟状を保つためにあまり多量のスーパーウッドパウダーを配合することはできないが、他の食品では五〇％ぐらいまでは問題なく食べられることを確かめている。スーパーウッドパウダー食品は人間用に限られることなく、例えばドッグフードのようなペットフードにも用途が拡げられる。

また、スーパーウッドパウダーは〝食べる〟ばかりではない。スーパーウッドパウダーを〝飲む〟のである。

いま、茶の名産地、静岡県・川根の茶農家と協同で、杉と檜のスーパーウッドパウダーと抹茶を混合した飲料〝おがっティー〟

を試作、試飲している。重量比でスーパーウッドパウダーのさまざまな割合の〝おがっティー〟を準備し、二〇名ほどの人に試飲してもらった結果、〝緑茶〟として違和感なく飲めるのは最大比二五％までであった。試飲した多くの人が「鼻のとおりがよくなった」という感想を述べている。

目的に応じて混合比を変えた〝おがっティー〟パウダーは飲料としてのみならず、写真16に示した食品に加え、アイスクリームやカステラなどに混ぜて用いることも可能である。〝おがっティー〟アイスクリームは独特の色と香りを持つアイスクリームとして人気が出そうな気がする。

私自身は普段あまり料理をすることがない人間であるが、料理が好きな人であれば、既存の料理に加え、スーパーウッドパウダーを使ったさまざまな〝創作料理〟にまで用途を拡大してくれるに違いない。これから、スーパーウッドパウダー食品は、世界的レベルで果てしなく拡がっていくのではないだろうか。

健康食品のエース

最近、日本を含む「文明国」で注目されているのが〝食物繊維《しょくもつせんい》〟である。食物繊維とは、ヒトが持つ消化酵素によって消化されない、食物に含まれている難消化性成分の総称である。化学的には炭水化物の中の多糖類であることが多く、植物性、藻類性、菌類性食物の細胞壁を構成する主成分である。木の細胞壁の主成分であるセルロース、ヘミセルロースはまさに食物繊維である。一般的に、食物繊維はヒトには消化されないのであるから、もちろん、栄養素ではない。世界的規模でみれば、世界の多くの人が飢えに苦しんでいる現実を知れば、まことに罰当たりなことではあるが、「文明国」の〝飽食・栄養過多〟の人間にとっては、この栄養素ではないことに大きな意味がある。

いま述べたように、ヒトの消化管（食道、胃、小腸、大腸など）は自力ではデンプンやグリコーゲン以外の多くの多糖類を消化できないが、大腸内の腸内細菌のはたらきによって食物繊維が吸収できる分解物に転換されることが知られてきたのも事実である。

ヒトの腸内には一〇〇種類以上、一〇〇兆個以上の細菌（腸内細菌）が生息している。これらの腸内細菌は宿主であるヒトや動物が摂取した栄養分の一部を利用して生活しているのであるが、一般的に、宿主の健康維持に貢献するものを善玉菌、害を及ぼすものを悪玉菌と呼んでいる。善玉菌の代表がヨーグルトなどに含まれるビフィズス菌、乳酸菌で、悪玉菌の代表が大腸菌である。

セルロースは食物繊維の代表であり、セルロースを粉末にすれば、善玉腸内細菌を介して分解利用できるのではないかと考えられる。

一般に、食物繊維には

血清コレステロールを低下させる

中性脂肪を吸着する

大腸癌の発生率を低下させる

インスリンの分泌を節約する

血圧を低下させる

腸の調子を整える

などのすぐれた生理作用が報告されている。

特に、食物繊維摂取量と大腸癌の発生率とは明らかな相関関係があり、食物繊維をあまり食べないアメリカ人に比べ、食物繊維をたくさん食べる日本人は五～六分の一、さらに多く食べるナイジェリア人は二〇分の一の発生率といわれている（京都大学木質科学研究所編『木のひみつ』東京書籍、一九九四年）。

スーパーウッドパウダーの食物繊維健康食品への期待は大きい。

ダイエット食品

現在、スーパーウッドパウダー（ＳＷＰ）は写真16に示した食品などに応用されている。ＳＷＰの配合割合は食品によって異なり、味、食感の点から三〇％くらいまでが適量と考えられる。たとえば、うどんのような麺類の場合は一〇％まではまったく問題ないが、それを超えると切れやすくなってしまう。ハンバーグ、ソーセージなどには五〇％の配合まで試作、試食したが、私には十分に可食だった。しかし、試食した人の感想を総合すると三〇％くらいまでの配合がおいしく食べられそうである。

いずれにせよ、人間の身体が吸収できない食物繊維であるSWPが三〇％含まれるということは、単純計算で三〇％減の栄養（カロリー）で同じ満腹感を得られるということである。いま「先進国」では食べ過ぎ、栄養過多の人が多く、減量のためのいわゆる〃ダイエット食品〃に人気があるが、SWP入り食品は〃ダイエット食品〃としてきわめて有力であろう。特に、ハンバーグやソーセージのような肉類には大いに期待できる。私は、日本ばかりでなく、〃ダイエット食品王国〃アメリカでSWP食品は大ブレイクするのではないかと予感している。

食べ過ぎ、栄養過多は人間ばかりではない。いま、「先進国」では〃ダイエット食品〃を必要とするのは犬や猫のようなペットにも拡がっている。事実、わが家の駄犬・寅次郎も多くの人から「太り過ぎではないか」といわれている。SWP食品はペット食にも波及するであろう。

ところで、「ダイエット（diet）」は「⑴（品質・成分・健康への影響などから見た）飲食物、食品、食餌、⑵（健康増進や病気治療のための）ダイエット、規定食、特別食、制限食、減食、⑶（特定の人・集団だけの）常食、よく食べる食べ物、⑷（家畜などの）常用飼料、餌」（『ランダムハウス英和大辞典』）などの意味であるが、「先進国」では統計的に栄養過多、肥満の人が多いため、結果的に「ダイエット」は「痩せるための規定食」の意味で使われることが多い。

しかし、全世界的に見れば、栄養過多、肥満のような贅沢あるいは罰当たりな人たちは一部であって、多くの人は飢えに苦しんでいるのが現状である。

人間にとっても動物にとっても「満腹感」は重要である。たとえＳＷＰ食品が栄養にはならなくても、ＳＷＰ食品は飢えに苦しむ人たちに、「満腹感」を与える一助になってくれるだろうと思う。

ＳＷＰ食品が「痩せるための規定食」になることは数値的に明らかであるが、ＳＷＰ食品を試食した七割以上の人は「便秘症に効果がある」といっている。このことは、一四六ページで述べたように、ＳＷＰは食物繊維であり、それが持つすぐれた生理作用のうち「腸の調子を整える」ことの具体的効果であると考えられる。

花粉症に効果

食物繊維であるＳＷＰが〝ダイエット食品〟になることや便秘症に効果があることは科学的想定内のことであった。加えて、私は漠然とではあるがＳＷＰは花粉症に効くのではないかと考えていた。

花粉症は植物の花粉が鼻や目などの粘膜に接触することに引き起こされる鼻水、鼻詰まり、目のかゆみなどを伴うアレルギー疾患の一つである。花粉症を引き起こす植物は六〇種以上にのぼるらしい。日本では北海道の大半を除いて、特に杉花粉が抗原となる場合が多いが、杉花粉症の七〜八割ほどは檜花粉にも反応するといわれているから花粉症の主たる〝敵〟は本書が「食べる」対象としてきた杉と檜といってよい。花粉症の一番の季節は杉花粉が大量に飛散する春先である。

私は、杉や檜を日常的に食べることによって、体内に杉・檜花粉症に対する抗体ができるのではないか、結果的に、ＳＷＰは杉・檜花粉症に効くのではないかと思ったのである。

そこで、茶の名産地・静岡県川根の茶園「樽脇園」の樽脇靖明さんにＳＷＰ入り抹茶の試作を提案した。樽脇園はすでに、天竜T.S.ドライシステムの榊原さんの提案で〝月齢伐採〟の「満月茶」、「新月茶」を市販していた。私はチャレンジ心が旺盛で行動力に優れた樽脇靖明さんに目をつけたのである。

樽脇さんは配合率一〇〜九〇％のＳＷＰ（杉、檜）入り緑茶（抹茶）を試作し、私を含めた複数の人が試飲した。結論をいえば、ＳＷＰ配合率二五％以下の場合に、〝茶飲料〟として十分においしく飲めることがわかった。とりあえず、杉ＳＷＰ配合率一〇％のものを〝おがっティー〟と命名し、一〇〇名のモニターを募り「花粉症効果」を調べようと計画したのである。お茶（飲料）であれば、毎日無理なく継続的に飲むことができる。

このような折、二〇一四年一二月二八日の「朝日新聞」に嬉しい記事が掲載された。東京慈恵医大などの研究により、杉花粉の成分を含ませた米を毎日食べると、花粉症を起こす体の免疫反応が抑えられたというのである。免疫細胞が少しずつ花粉に慣れ、花粉を「異物」として認識しなくなった可能性があるという。

アレルギーの原因となる物質を少しずつ摂取し、体を慣れさせて体質改善を目指す治療法は〝減感作療法〟と呼ばれ、杉花粉を原料とする薬はすでに市販されている。

もちろん、物質的にいえば花粉とＳＷＰは同じものではないが、杉花粉、檜花粉は本体の杉、檜から生じたものであるから、私はＳＷＰに花粉症効果があるのではないかと密かに期待した。

二〇一五年六月、私たちのアンケート結果が出た。

アンケートには一〇〇名中七二名が回答してくれた。

私はその結果を見て驚いた。

なんと、回答者七二名のうちの五一名（七一％）が「良くなった」と肯定的に答え、六名（八％）は「劇的に良くなった」と答えている！　ＳＷＰ入り〝おがっティー〟に明らかな「花粉症軽減効果」が認められた！

私は、「花粉症軽減効果」を実感する人が、たとえ一〇％だったとしても、それは画期的なことだと思っていた。それなのに、七〇％を超えるモニターに「花粉症軽減効果」が認められたというのは、驚愕に値する結果といわざるを得ない。

これから、ＳＷＰ入り〝おがっティー〟の「花粉症軽減効果」の科学的根拠を調べる仕事が残されているが、期待をはるかに超える好結果に勇気づけられ、ＳＷＰのダイエット効果と共に、今後のさらなる展開に心を踊らせている。

間伐材の有効利用

森林の成長過程で密集化する立ち木を間引く伐採（間伐）が必要であるが、その時に発生する木を間伐材と呼んでいる。一般的に、間伐材は細くて未成熟だから用途はきわめて限られてしまっている。それでも、一九七〇年代までは建築現場の足場材などに大量に使われていたがアルミニウム製単管組立式足場の普及によって需要が激減した。さらに、間伐材の需要の低迷によって価格が下落し、商品価値がなくなることによって、森林経営の採算が悪化し、放棄される森林が増加しているのが現状である。つまり、間伐材は林業における〝お荷物〟の存在である。

しかし、見方を変えれば、間伐材は貴重な天然乾燥材である。

ここまで、本書では、製材所で不可避的に発生する〝おが屑〟をＳＷＰの原料と考えてきたのであるが、貴重な天然乾燥材である間伐材をＳＷＰの原料に使わないのはもったいない。森林へ行けば、間伐材はどこにでも転がっている。しかも、樹齢数十年〜数百年の建築用木材（写真4参照）と比べ細くて未成熟ゆえに搬出が楽である。

つまり、製材所の〝おが屑〟に加え、間伐材をＳＷＰの原料として積極的に使うべきである。私は、いま林業における〝お荷物〟にされてしまっている間伐材が、これからＳＷＰの主役として見直されることを大いに期待しているのである。

日本の林業の第六次産業化

日本の文化・文明を象徴的に集約するのが「木の文化・木の文明」（コラム❸参照）である。

降水量に恵まれた温帯モンスーン地域に位置する日本列島は古代より長い間、豊かな森林におおわれていた。近年、人工密集、工業地域で森林は姿を消し、日本の森林地帯が狭められている憂いはあるものの、いまも日本は国土面積の約七〇％が森林に覆われた世界有数の森林国である。都会暮しの人にとって「日本は世界有数の森林国」ということを実感するのは難しいかもしれないが、私自身は緑に囲まれた田舎暮しをしているし、地方に出かけるたびに「日本には木が多いなあ」ということをいつも実感する。いずれにせよ、日本人が木の文化・木の文明の中で連綿と生きてきているのは事実である。

このような「世界有数の森林国」日本において、昭和二〇年～三〇年代には、戦後復興などのために木材需要が急増したが、供給が十分に追いつかず、木材が不足し、価格が高騰を続けていた。政府も「木材は日本の経済成長に貢献する重要な資源」と位置づけ、木材を大量に確保するため、拡大造林政策を強力に推し進めた。特に、建築用材などになる経済的価値の高い杉や檜の拡大造林が急速に進んだ。この杉や檜の木材価格は需要増加に伴い急騰し「木を植えることは銀行に貯金するより価値がある」といわれ、造林ブームが起こった。日本の各地で「山林王」「山大尽」がたくさん生まれたのもこの頃である。昭和二三年生まれの私には、その頃の「木材事情」の記憶がかすかに残っている。この造林ブームは国有林、私有林ともに全国的に拡がり、わずか一五～二〇年の間に、現在の人工林の総面積約一〇〇〇万ヘクタールのうちの約四〇〇万ヘクタールが造林されたといわれる（森林・林業学習館資料）。この頃の造林が、現在の杉・檜花粉症の遠因であるともいわれている。

活況であった日本の林業の衰退を招いたのは、皮肉なことに、高騰する木材の需要を賄うために昭和三九年に行なわれた「木材輸入の自由化」である。外国産材（外材）は国産材と比べて安く、かつ大量に安定供給されたので、輸入量が年々増大した。また、昭和五〇年代の「変動相場制」による「円高」が日本の林業に大きな打撃を与えた。その結果、昭和三〇年には九〇％以上あった日本の木材自給率は下降を続け、現在では三〇％以下に落ち込んでいるのである（林野庁「木材需給表」）。

つまり、日本の杉や檜が高級木造建築などに使われることはあっても、大量に用いられる建築用材、家具用材において、価格の点で国産材は外材に勝てなくなっているのが現状である。

しかし、日本の林業の活性化を期待できる道がある。

外材の主要な樹種はベイマツ、ベイツガ、ラワン、チーク、カラマツ、コクタンなどである。幸いなことに、日本の林業を支えるのは杉と檜である。

杉と檜には、日本人の根強い郷愁がある。

やはり、高級木造建築は杉と檜に限る。

また、杉と檜には六九ページで述べたような「食品保存効果」機能がある。さらに、本書で縷々述べてきたＳＷＰへの道がある。私たちは、乾燥過程の不明確さや樹種の点から外材を食べる気にはなれないだろう。私たちが、ここで扱うのは天然乾燥の杉と檜である。

農林水産業、鉱業などは一般に「第一次産業」と呼ばれている。第一次産業の生産物を二次的に加工するのが「第二次産業」の工業で、商業、運輸、通信、サービス業など第一次、第二次産業以外の産業が第三次産業である。

最近、農業や水産業の第一次産業が食品加工（第二次産業）、流通販売（第三次産業）にも業務展開した「第六次（一＋二＋三）産業」が大成功をおさめている例が少なくない。同様に、林業も「第六次産業」化を目指すべきであるし、林業が新しい「第六次産業」として大成功をおさめる可能性は十分にある。

私は、いささか大袈裟かもしれないが、杉と檜の「食品保存効果」機能とＳＷＰに着目した新規応用分野を開拓、拡大し、林業を「第六次産業」化することは、日本の山村、ひいては日本の林業の活性化につながると固く信じているのである。

「進化」と「シンカ」

読者はすでにお気づきだと思うが、私は、生命・生物学の分野で一般に用いられている「進化」という言葉を「シンカ」とカタカナで書くことにしている。その理由について、簡単に触れておきたい。

一般に、「進化」という言葉には「進歩する、発展する」そして「よりよくなる」という意味が含まれる。国語辞典を引くと「退化の反意語」という説明もある。「退化」は「進化」の反意語なのだから、その意味は「進歩していたものが、その進歩以前の状態に戻ること」そして「悪くなること」である。

生物が〝生命の誕生〟以来今日までのおよそ四〇億年の間、さまざまな要因によって変化・分岐してきたのは事実である。しかし、その変化・分岐は、必ずしも「進化」、つまり「進歩する、発展する、よりよくなる」ことを意味するものではないだろう。

それは「歴史的変化・分化」であって「進歩したか、退歩したか」あるいは「よくなったか、悪くなったか」は別次元の問題なのである。

ラマルク（一七四四〜一八二九）やダーウィン（一八〇九〜八二）に端を発する科学的「進化論」によれば、原始生命を起源とするすべての生物は「下等生物」から「高等生物」へと「進化」してきた。また、「進化論」の自然淘汰説の根底には「優勝劣敗」の原則があり、「優れたもの」が勝ち、「劣ったもの」が敗《ま》けることになっている。そして、われわれ人類はサルから「進化」した最も高等な生物（本章で述べたように、私は動物よりも植物の方が〝偉い〟と思っているので、正しくは〝最も高等な動物〟というべきだろう）ということになっている。

『旧約聖書　創世記』によれば、神は第一日に天地、昼と夜を創造した後、五日間かけて順次、草と果樹、鳥、魚、獣、家畜を創造し、第六日には「われわれは人をわれわれの像《かたち》の通り、われわれに似るように造ろう。彼らに海の魚と、天《そら》の鳥と、家畜と、すべての地の獣と、すべての地の上に這《は》うものとを支配させよう」と男と女のヒトを創造した。そして「ふえかつ増して地に満ちよ。また地を従えよ。海の魚と、天の鳥と、地に動くすべての生物を支配せよ」「見よ、わたしは君たちに全地の面《おもて》にある種を生じるすべての草と、種を生じる木の実を実らすすべての樹を与える。それを君たちの食糧とするがよい。またすべての地の獣、すべての天の鳥、すべての地の上に這うものなど、およそ生命のあるものには、食糧としてすべての青草を与える」と人類を祝福した。現在、一週間が七日で、七日目が休日なのは「その日に神は創造のすべての業を終わって休まれたからである」。

ユダヤ教、キリスト教の原典である『旧約聖書　創世記』に述べられる〝自然支配〟の思想が、人類の物質・機械文明の「進歩」の大きな原動力になったことは紛れもないことである。しかし、〝自然〟に対しても、地上の人類以外の他の生きものに対しても、これ以上の驕《おご》りの言葉はないであろう。ヒトは他の生物と比べれば多少特殊ではあるが、地上の生物の一種である。また、生物は地球という〝自然〟の一要素にすぎない。そのようなヒトが地上の〝すべての生きもの〟を、いわんや〝自然〟を支配するなどおこがましい。人類は〝自然支配〟の思想と文明の力とによって、自然的制約を次々に打ち破ってきたのである。その〝自然支配〟の思想の原点は『旧約聖書　創世記』

であり、その〝文明の力〟の源泉は、他のいかなる生きものも持ち得ず、人類だけが発展させて来た科学と技術であった。

しかし、人類と比べれば「下等」とされている生きもののさまざまな超能力を知るにつけ（『生物の超技術』講談社ブルーバックス）、私には人類が最も高等な、最も進化した動物、とはどうしても思えないのである。

結局は、「進化とは何か」「高等の〝高〟とはどういうことか」「〝よい〟とはどういうことか」「何が〝優〟で何が〝劣〟なのか」という価値観の問題なのである。

だから私は、生物の歴史的変化・分化を安易に「進化」と呼ぶことに抵抗を感じ、「シンカ」と書くのである。

本書に登場した商品・食堂の問い合わせ先

1）スーパーウッドパウダー（ＳＷＰ）
「榊原商店」
電話　053-924-0505
E-mail　tenryusugi@sakakibara.biz

2）農家レストラン「つぶ食・いしもと」
電話　053-987-0411

3）ＳＷＰ入り茶飲料「おがっティー」
「樽脇園」
電話　0547-56-0360
E-mail　organic.kawane@gmail.com
http://taruwaki-en.jimdo.com/

4）ＳＷＰ入りお菓子
「北遠菓子処　八幡屋製菓舗」
電話　053-987-0135
E-mail　yawatayaseikaho@gmail.com

5）芳香蒸留水「moon wood Water」
「Leetama」
E-mail info@leetama.com
http://leetama.com

あとがき

私はいままで、半導体結晶研究を「本業」とした後、さまざまな分野の「道楽」研究を行なってきた。

私の本業的研究テーマはその時の時代的・職業的要請に従ったものであるが、道楽的研究はその時の純粋なる個人的興味、知的好奇心によるものである。この「個人的興味」の大きな推進力の一つになったのは、間違いなく、その時の「人との出合い」である。

本書で述べた「木を食べる」研究は、天竜の榊原正三さん、石本静子さんとの出合いなくしてはあり得なかったことである。

榊原さんを通して、木を愛してやまない「木暮人倶楽部」の人たちとの輪も拡がった。

本当に、人生は面白いものである。

私はこれからも、しばらくの間、「木」の道楽を続けていくだろう。

このきっかけを作っていただいたのは、榊原さんを私に強引に(?)紹介した天竜・水窪の鈴木勝彦医師である。私が鈴木勝彦先生と知り合えたのは、二〇一一年、鈴木先生が静岡県医師会会長の時、静岡県で開かれた「全国学校保険・学校医大会」の特別講演に私が呼ばれたからである。その時が、私と鈴木勝彦先生との初対面であった。

本当に、人生は面白いものだと思う。

その「面白さ」の根底にあるのが「人との出合い」である。

本書の上梓は、石本静子さんの好奇心、チャレンジ精神に富む、迅速な協力に負うところが大きい。ここに、深甚なる感謝の気持ちを石本さんに捧げさせていただく。

また、スーパーウッドパウダーの商品化、輸出の後押しをしていただいている（株）せいごや・松村正明社長にも御礼申し上げる。

最後に、私の道楽的研究に付き合ってくれた静岡理工科大学物質生命科学科志村研究室の卒研生・鈴木達也君（現院生）、鈴木千晴さん、明石千尋さん、鈴木浩介君、片野佑哉君にも感謝する。

二〇一五年　文月　　志村史夫

装　　　丁○緒方修一／LAUGH IN
本文デザイン○小田純子

志村史夫（しむら・ふみお）

静岡理工科大学教授。ノースカロライナ州立大学併任教授。応用物理学会フェロー。日本文藝家協会会員。
1948年、東京・駒込生まれ。名古屋工業大学大学院修士課程修了（無機材料工学）。名古屋大学工学博士（応用物理）。日本電気中央研究所、モンサント・セントルイス研究所、ノースカロライナ州立大学を経て、現職。日本とアメリカで長らく半導体結晶の研究に従事したが、現在は、古代文明、自然哲学、基礎物理学、生物機能などに興味を拡げている。半導体、物理学関係の専門書・参考書のほかに、『古代日本の超技術（改訂新版）』『古代世界の超技術』『アインシュタイン丸かじり』『漱石と寅彦』『人間と科学・技術』『文系？理系？――人生を豊かにするヒント』『寅さんに学ぶ日本人の「生き方」』『スマホ中毒症』『一流の研究者に求められる資質』など、一般向けの著書多数。

木《き》を食《た》べる
2015年 7月 27日発行

著　者　志村史夫
発行人　佐久間憲一
発行所　株式会社牧野出版
〒135-0053
東京都江東区辰巳1-4-11　STビル辰巳別館５F
電話 03-6457-0801
ファックス（ご注文） 03-3522-0802
http://www.makinopb.com

印刷・製本　中央精版印刷株式会社

内容に関するお問い合わせ、ご感想は下記のアドレスにお送りください。
dokusha@makinopb.com
乱丁・落丁本は、ご面倒ですが小社宛にお送りください。
送料小社負担でお取り替えいたします。

ISBN978-4-89500-190-8